Erfolgskompass

Deine Reise zum Erfolg

Ilka Groenewold

Bibliografische Information der Deutschen Nationalbibliothek

Die Deutsche Nationalbibliothek verzeichnet diese Publikation in der Deutschen Nationalbibliografie; detaillierte bibliografische Daten sind im Internet über http://dnb.dnb.de abrufbar.

ISBN 9798807103857
1. Auflage 2022
Dieses Buch ist auch als E-Book erhältlich.

Korrektorat: Bianca Weirauch

Umschlaggestaltung: Günter Hagedorn

Coverfoto: Andreas Schmitt (schmitt-foto.de)

IG Entertainment e.K.
Ilka Groenewold
Große Roßbergstraße 3–6
26789 Leer

INHALT

DANKSAGUNG

Ich danke allen Menschen,
die mich auf dem Weg zu diesem Buch begleitet haben,
die mich immer wieder aufs Neue inspirieren,
mir ihr Vertrauen schenken
und mein Leben täglich schöner machen.
Dieses Buch ist auch ein Stück weit für euch!

Vorwort

„Erfolgskompass - Deine Reise zum Erfolg" ist die konsequente Fortführung von „Empowerment - Wegweiser in ein erfülltes Leben", das im Herbst 2020 erschien. Nachdem mein erstes Buch das Ziel verfolgte, den Traum vom eigenen Buch zu erfüllen, und gleichzeitig die Themen meines Lebens behandelte wie zum Beispiel Sport, Motivation, Immobilien oder finanzielle Unabhängigkeit, lege ich mit dem Buch „Erfolgskompass - Deine Reise zum Erfolg" den Fokus auf Erfolg. Jeder Mensch strebt nach Erfolg. Erfolgreich sein ist ein gutes und zugleich befreiendes Gefühl.

Vielleicht hast du dir auch schon einmal die folgenden Fragen gestellt:

Wie entsteht Erfolg?

Warum sind manche Menschen erfolgreicher als andere?

Wie kann ich maßgeblich meinen persönlichen Erfolg beeinflussen?

Diese und noch viele weitere Fragen werde ich dir in diesem Buch beantworten und nützliche Tipps mit auf den Weg geben.

Bevor ich loslege, gehe ich noch auf den Titel des Buches ein: „Erfolgskompass - Deine Reise zum Erfolg". Der Begriff Kompass kann verschiedene Bedeutungen mit sich tragen. Zum einen steht das

Motiv für Zielstrebigkeit. Ehrgeiz, sein Ziel zu verfolgen, ist ein wichtiges Element, um erfolgreich zu sein. Darüber hinaus zeigt die Magnetnadel die Richtung des Erdmagnetfelds an und dient damit der Bestimmung der Richtung von Nord- und Südpol. Der Kompass gilt als maritimes Symbol und war ursprünglich eine klassische Tätowierung für Seeleute, die ihren Träger in Gewässern schützen und ihm einen sicheren Weg nach Hause weisen soll. Er symbolisiert neben dem Schutz auf den Reisen die Hoffnung, Heimat, den Glauben und Übernatürliches, zielstrebiges Handeln sowie die Liebe zum Meer. Ich bin selbst ein Kind des Meeres, Sternzeichen Fisch und an der Nordseeküste groß geworden. Schon als Kind bin ich mit Kreuzfahrt- und Segelschiffen um die Welt gefahren und habe durch meinen Beruf auch heute noch eine enge Bindung zum Meer. Die Symbolik des Kompasses passt perfekt zu meiner Person und gleichzeitig zu einem erfolgreichen Leben!

Ich möchte, dass du deine Ziele erkennst, klar definierst und dieses Buch als deinen Wegweiser siehst – die Kompassnadel wird dich zum Erfolg führen.

Ich sehe das Leben als eine Reise, somit sind auch unsere Ziele Reiseabschnitte des Lebens. Jetzt weißt du auch, warum es „Deine Reise zum Erfolg" heißt.

Seit 2001 stehe ich im Rampenlicht – auf der Bühne oder im TV. Meine ersten **ERFOLGSGESCHICHTEN** konnte ich schon in meiner Schulzeit schreiben, als ich im zarten Alter von 16 Jahren bei VIVA die McClip Show moderierte. Heute – 21 Jahre später – moderiere ich bei Hamburg 1 das Nachrichtenformat „Hamburg 1

Aktuell". Gerade in den letzten zwei Jahren habe ich mich mit dem Thema Erfolg auseinandergesetzt und vor allen Dingen hinterfragt, wie er entsteht.

Rückblickend ist es immer einfach, auf seine Erfolge zu schauen, doch an der einen oder anderen Stelle hätte ich mir gewünscht, dass ich früher verstehe und erkenne, wie ich Erfolg in mein Leben hole! Damit es für dich einfacher ist, gibt es meinen Erfolgskompass. Egal, ob im Privatleben oder beruflichen Kontext – der Erfolgskompass ist dein Begleiter!

Nachdem ich dir einen Überblick zur Begrifflichkeit und deren Bedeutung gebe, erfährst du mehr, wie Erfolg entsteht und welche Faktoren eine Rolle spielen. Im Kapitel „Erfolgsbeschleuniger" gehe ich vor allen Dingen darauf ein, was du brauchst, um erfolgreich zu sein. Lerne, was Erfolg mit Magie zu tun hat und warum das Reisen maßgeblich zum Erfolg beitragen kann. Im Kapitel Erfolgsgeschichten bekommst du einen persönlichen Einblick in die Erfolgsgeschichte bekannter Persönlichkeiten wie Otto Waalkes, Christian Keller, Anna Hahner, Ian Karan, Elisabeth Hübert, Marcel Reif, Hinnerk Baumgarten, Tim Niedernolte, Dr. Pedro Gonzalez u. v. m.

Im Kapitel „Mein Erfolgsrezept" erzähle ich dir, wie ich erfolgreich geworden bin und wie ich mein Mindset (Denkweise, Überzeugung) auf Erfolg programmiert habe.

Bevor du nun anfängst, dich in den folgenden Kapiteln mit der Bedeutung und der Entstehung von Erfolg auseinanderzusetzen, frage ich dich, was Erfolg für dich bedeutet. Nimm dir einen Zettel zur Hand und schreibe auf, was du unter Erfolg verstehst und was Erfolg für dich repräsentiert. Beurteile gerne auch deine Person. Siehst du dich als einen erfolgreichen Menschen? Wenn ja, weshalb? Was macht dich deines Erachtens erfolgreich? Den ausgefüllten Zettel legst du mit in dieses Buch, so kannst du dir jederzeit noch einmal vor Augen führen, wie dein Mindset und deine Beziehung zu Erfolg waren, bevor du das Buch gelesen hast.

Etwas zu erreichen, braucht Aufmerksamkeit, oder anders ausgedrückt: „Erfolg braucht Energie." Du hast dich mit diesem Buch dazu entschlossen, deine Energie auf Erfolg zu lenken! Klasse, denn das ist der erste Schritt!

Und nun lass uns die Reise zu deinem Erfolg starten!

Kapitel 1

Was ist Erfolg?

Das Wort „Erfolg" bedeutet, gesetzte Ziele zu erreichen. Ziele können persönlicher Natur wie zum Beispiel die Eheschließung oder die Kinderwunsch-Erfüllung sein. Auch materielle Ziele wie Einkommen oder Karriere und immaterielle Ziele wie Glück und Anerkennung sind Teile der Erfolgsdefinition. Du hörst schon heraus, der Begriff Erfolg ist eine ganz individuelle Sache.

Das Wort „Erfolg" wurde von dem deutschen Bibliothekar, Lexikografen und Germanisten Johann Christoph Adelung geprägt. Er definierte im 18. Jahrhundert, dass der Erfolg vom Verb „erfolgen" stammt. Erfolg ist dabei der Effekt des Handelns beziehungsweise die Konsequenz des Handels. Demnach gehört zum Erfolg Fleiß und Zielstrebigkeit. Durch Handeln folgt Erfolg oder Misserfolg. Das Nichtstun ist weniger Erfolg versprechend.

Erfolg lässt sich sogar messen, denn er ist umso größer, je höher der Zielerreichungsgrad ist. Die Formel hierfür lautet:

$$\text{Effektivität} = \frac{\text{erreichtes Ergebnis}}{\text{angestrebtes Ziel}}$$

Die Effektivität ist an dieser Stelle gleichzusetzen mit der Wirksamkeit und der Qualität der Zielerreichung.

Beträgt die Zielerreichung 100 Prozent, spricht man von einem **totalen Erfolg**. Der **völlige Misserfolg** ist durch keine Zielerreichung, also 0 Prozent, definiert.

Wir unterscheiden verschiedene Arten des Erfolgs:

Der Teilerfolg

Der Teilerfolg ist ein erfolgreiches Zwischenergebnis. Das bedeutet, das Ziel ist noch nicht vollständig erreicht.

Der Scheinerfolg

Der Scheinerfolg ist ein als Erfolg wahrgenommenes Ergebnis, das sich im Nachhinein als Misserfolg erweist. Man spricht hierbei auch von einem Pyrrhussieg. Der Ausdruck geht auf König Pyrrhos I. von Epirus zurück. „Noch so ein Sieg, und wir sind verloren" – ist der Klassiker, den man heute noch zitiert. Pyrrhos I. ist ein Beispiel für den Scheinerfolg, da er in der Schlacht erhebliche Verluste seiner Armee hinnehmen musste und schließlich den Pyrrhischen Krieg verlor. Dennoch muss der Scheinerfolg nicht zwangsläufig negativ aufgefasst werden, denn auch ein Scheinerfolg kann eine Lehre sein und dazu führen, dass wir unser Handeln verändern.

Der Achtungserfolg

Der Achtungserfolg ist stark geprägt durch die äußere Wahrnehmung. Er ist überdurchschnittlich von der Betrachtergruppe im Außen empfunden. Klassische Beispiele für den Achtungserfolg sind Erfolge im Sport.

Zum Beispiel, wenn ein*e Sportler*in im Laufsport nicht ihr persönliches Zeitziel im Wettkampf erreicht, es schlechte Wetterbedingungen gegeben hat, sodass sie/er den Umständen entsprechend und im Vergleich zu den anderen Wettkampfteilnehmer*innen einen erfolgreichen Lauf absolviert hat. Und den Lauf gewinnt. Ein anderes Beispiel wäre, wenn bei einer Wahl ein*e Kandidat*in verliert, dennoch - gemessen an den Stimmen - ein verhältnismäßig gutes Ergebnis erzielt.

Der Heilerfolg

In der Medizin sprechen wir von einem Heilerfolg, wenn das gewollte Ergebnis, beispielsweise die Heilung, eingetreten ist.

All diese Erfolgsdefinitionen sind auf der Basis der Zielrichtung. Darüber hinaus unterscheiden wir den Erfolgsbegriff nach dem Bezug zu Menschen.

Der persönliche Erfolg

Allen voran steht hierbei der persönliche Erfolg. Du definierst dir ein Ziel. Ist das Ziel für dich erreicht, spricht man von einem persönlichen Erfolg. Dieser findet im privaten Bereich einer Person zum Beispiel durch Anerkennung in Beziehungen oder im sozialen Bereich wie dem Beruf durch wissenschaftliche Publikationen, Schulnoten etc. statt.

Dieser persönliche Erfolg ist sehr individuell zu betrachten, wie du in den kommenden Kapiteln noch erfahren wirst.

Der Führungserfolg

Beim Führungserfolg betrachten wir lediglich den Erfolg innerhalb des Berufes. Der Führungserfolg ist der Erfolg der Führungskraft und schlägt sich in seiner Karriereleiter nieder.

In der Betriebswirtschaftslehre wird der betriebswirtschaftliche Erfolg am Ertrag gemessen. Der Unternehmenserfolg ist der Unterschied zwischen Ertrag und Aufwand, der Betriebserfolg zwischen Zweckertrag und Kosten. Ob ein Unternehmen erfolgreich ist, hängt auch von den unterschiedlichen Erfolgsfaktoren ab. Da wir uns in diesem Buch auf deinen Erfolg konzentrieren, gehe ich an dieser Stelle nicht weiter auf den Unternehmenserfolg ein.

Wir unterscheiden Erfolg meist in beruflichen und privaten Erfolg. Wo liegen die Unterschiede? Erfolg im beruflichen Kontext ist stark von einer erfolgreichen Karriere in einem Unternehmen oder als Unternehmer selbst geprägt. Ein offenes Mindset und eine flexible Denkweise zeichnen meist Menschen im Business aus. Es geht um die Wachstumsmentalität, die in dir als Unternehmer*in oder Mitarbeiter*in schlummern muss.

Im Privatleben ist der Ansatz der Erfolgsdefinition ein ganz anderer. Hier spielen Erfolgserlebnisse wie Emotionen eine tragende Rolle. Soziale Beziehungen, Freundschaften und Anerkennung nehmen eine elementare Rolle ein, wohingegen materielle Besitztümer in den Hintergrund rücken. Neben den Emotionen spielen meist die Motivation, Freude und der Spaß an der Tätigkeit eine Rolle, damit du diese und dich als erfolgreich wahrnimmst. Erfolg ist ein rein subjektives Empfinden. Was für den einen als großer Erfolg zählt, mag für den anderen nicht als solcher zählen. Es gibt kein Schwarz oder Weiß, kein Falsch oder Richtig. Ob sachlicher oder emotionaler Erfolg – es gilt, sein eigenes Glück zu finden!

Fakt ist: Du bist erfolgreich, wenn deine subjektiven Bedürfnisse, Erwartungen oder Wünsche mit den objektiven Situationen und Umständen im Einklang stehen. Persönliche Ziele und gesellschaftliche Ziele gehen für den nachhaltigen Erfolg Wissen, Kultur, Motivation, Selbstbild und Sozialverhalten voraus.

Der durch ein bestimmtes Verhalten hervorgerufene Erfolg kann zu einer Steigerung der Motivation führen und kann das Selbstbewusstsein prägen. Umgekehrt enden Misserfolge meist in einer Demotivation. Erfolg im Berufsleben und Privatleben schließen sich nicht aus. Wenn du die Erfolgsfaktoren lebst, die ich dir in Kapitel 3 vorstelle, kann sowohl der berufliche Erfolg als auch der private Erfolg in Einklang gebracht werden. Alles, was zählt, ist deine Persönlichkeit und deine Bereitschaft, sich Ziele zu setzen und an dir zu arbeiten. Das sind unabdingbare Voraussetzungen, um deine Träume Wirklichkeit werden zu lassen.

Das Kapitel beende ich mit einem Zitat der amerikanischen Geschäftsfrau Mary Kay Ash:

„Die Definition eines erfolgreichen Menschen ist ein gewöhnlicher Mensch mit außergewöhnlicher Entschlossenheit. Man kann einen entschlossenen

Menschen nicht vom Erfolg abhalten. Wenn Sie ihm Stolpersteine in den Weg legen, nimmt er sie als Sprungbretter und klettert mit ihrer Hilfe weiter nach oben. Wer Erfolg hat, hat auch ein Ziel, einen Traum, macht Pläne und verfolgt sie."

Kapitel 2

Wie entsteht Erfolg?

„Beurteile deinen Erfolg danach, was du aufgeben musst, um es zu bekommen."
Dalai-Lama

Das Zitat des Dalai-Lama macht deutlich, dass Erfolg schweißtreibend ist. Wie sagt man so schön: „Vor den Erfolg haben die Götter den Schweiß gesetzt" (griechischer Dichter Hesiod). An diesem Sprichwort ist viel Wahres dran, denn deine Ziele können noch so klar definiert sein, wenn du nicht danach handelst und dafür kämpfst, wirst du nicht erfolgreich sein.

Die Basis für deinen Erfolg ist die Bereitschaft, sich ein Ziel zu setzen und daran zu arbeiten. Arbeite an deiner persönlichen Weiterentwicklung, an der Realisierung deiner eigenen Visionen und deiner Definition von Erfolg. Denn wenn es um Erfolg geht, geht es um die Persönlichkeit des Einzelnen. Auch wenn der Entstehungsweg von Mensch zu Mensch unterschiedlich ist und variiert, gibt es dennoch elementare Punkte, die für einen erfolgreichen Weg durchs Leben sprechen:

Unabhängigkeit

Du allein definierst für dich Erfolg. Was willst du erreichen? Was macht für dich ein erfolgreiches Leben aus? Lasse dich nicht von äußeren Faktoren beeinflussen oder gar manipulieren. Horche tief in dich hinein und gehe auf Erfolgs-Suche.

Positive Energie

Umgib dich mit positiven Menschen. Menschen, die dich auf deinem Weg begleiten und im besten Fall motivieren, an dich und deine Ziele zu glauben. Dein Umfeld kann dir mit konstruktiver Kritik zur Seite stehen. Löse dich von Menschen, die nicht an dich und deine Vision glauben. Ein toxisches Umfeld ist wie ein Stein, der dir in den Weg gelegt wird, und alles andere als förderlich für deinen Erfolg!

Fehlerkultur

Deutschland ist das Schlusslicht in Sachen Fehlerkultur. Dabei ist es so wichtig Fehler zu machen und diese zu akzeptieren. Überlege dir, was du aus deinen Fehlern lernen und du nächstes Mal besser machen kannst. Verliere dich mit deinen Gedanken nicht zu lange an den Fehlern, denn so verlierst du das Wesentliche - deinen Erfolg - aus dem Fokus. Die Kunst ist also nicht, nicht hinzufallen, sondern „einmal mehr aufzustehen als hinzufallen" (Winston Churchill).

Lernprozess

Wenn es um Wissen und Bildung geht, sei stets wissbegierig. Bilde dich dein Leben lang weiter und profitiere bei Entscheidungen von deinem Wissensschatz. Nimm neue Veränderung an und heiße Entwicklungen willkommen. Wenn du in neuen Dingen und Situationen eine Chance siehst und prüfst, wie du diese nutzen kannst, bringt dich das enorm weiter. Ich selbst stand 2020 vor der Herausforderung, dass am 13. März auf einmal alle Präsenzveranstaltungen abgesagt worden sind. Ich hätte an der Stelle den Kopf in den Sand stecken können. Stattdessen habe ich aus der Not eine Tugend gemacht und mir ein Streaming-Studio eingerichtet, das mich beruflich auf das nächsthöhere Level gebracht hat. Auch Warren Buffet, Unternehmer und Milliardär, sagt: „Man sollte vor allem in sich selbst investieren. Das ist die einzige Investition, die sich tausendfach auszahlt." Habe stets das Vertrauen in dich, dass du noch besser werden kannst!

Rituale

Eigne dir Rituale an! Sie geben dir eine gewisse Struktur im Leben und Sicherheit. Sicherlich ist Abwechslung im Leben wichtig, doch solltest du Routinen beibehalten. Eine Routine kann beispielsweise sein, jede Woche Freitag Ordnung an deinem Arbeitsplatz zu schaffen oder die Stellenanzeigen täglich zu überprüfen.

Fokussierung

Ziele zu setzen, bedeutet häufig, mit den Gedanken in der Zukunft zu schweifen. Dadurch verliert man schnell das Wesentliche aus den Augen. Lebe im Jetzt und Hier und konzentriere dich auf deine aktuellen Aufgaben. Sorge dafür, dass deine Lebensumstände dich nicht zu sehr von deinen Zielen ablenken. Ich gehe im nächsten Kapitel darauf noch näher ein.

Komfortzone

Wage den Schritt raus aus der Komfortzone! Nur so kannst du neue Wege gehen und Strategien für deinen Erfolg entwickeln. Ich bin fest davon überzeugt, dass die meisten von uns nicht ins Handeln kommen und ihre Komfortzone verlassen, da sie sich sicher fühlen und es bequem ist, in seinen alten Mustern und Lebensweisen zu verharren.

Selbstglaube

Niemand ist frei von Fehlern oder Rückschlägen. Erfolgreiche Menschen haben eines gemeinsam: Sie sind Stehaufmännchen. Sie besitzen die Fähigkeit der Resilienz, sie lassen sich nicht unterkriegen, sie glauben an sich selbst und ihre Ziele, haben Mut und besitzen eine Macher-Mentalität. Während andere noch fragen, ob man das denn überhaupt machen könne, sind erfolgreiche Menschen mitten in der Umsetzung.

Erfolgreiche Menschen werden oft bewundert und beneidet. Was die wenigsten von außen sehen, ist, dass es oftmals ein langer Weg war, der zum Erfolg führte. Sicherlich kann es sein, dass die Person viel Glück im Leben gehabt hat und einfach zur richtigen Zeit am richtigen Ort war, doch das ist nicht die Regel. Der Erfolg besteht aus viel Schweiß, einigen Entbehrungen und vielen Stunden Fokussierung und Ausrichtung auf genau das, was du erreichen willst! Halten wir also fest: Erfolg ist kein Glück! Es gibt Momente, in denen man im richtigen Moment am richtigen Ort sein muss, doch die Wahrscheinlichkeit für Erfolg kann lediglich durch die Art und Weise, wie wir denken und wie wir agieren, beeinflusst werden. Wenn du im folgenden Kapitel mehr zu den Erfolgsgeschichten bekannter Unternehmer*innen erfährst und deren Verhaltensweisen und Gewohnheiten betrachtest, dann stellst du fest, dass es wenig mit Glück zu tun hat. Erfolg ist stets das Resultat von harter Arbeit und Durchhaltevermögen!

Erfolgreiche Menschen überwinden den Misserfolg durch Durchhaltevermögen und den Umgang mit Unannehmlichkeiten. Lerne auch du von den (Miss-)Erfolgsgeschichten, denn diese können dir Mut machen, weiterzumachen, falls auch du einmal fällst. Es gilt immer wieder aufzustehen und weiterzumachen. Der US-Politiker Robert F. Kennedy soll gesagt haben: „Nur diejenigen, die sich trauen in großem Stil zu scheitern, können auch in großem Stil Erfolg haben." Habe also stets den Mut zu fallen. Oft entsteht aus der Not und aus einem Tiefschlag heraus ein Erfolgsprojekt.

Der berufliche Erfolg hängt laut dem amerikanischen Glücksforscher Shawn Achor zu 25 Prozent vom eigenen Intelligenzquotienten ab. Die verbleibenden 75 Prozent bestehen aus Eigenschaften wie Optimismus, sozialem Rückhalt oder positivem Stressmanagement. Stress wird hierbei nicht als Belastung, sondern als Chance und Herausforderung wahrgenommen. Im folgenden Kapitel gehe ich näher auf die Erfolgsfaktoren ein und stelle dir Erfolgsgeschichten bekannter Persönlichkeiten vor.

Kapitel 3

Erfolgsfaktoren

„Erfolgreiche Menschen sind erfolgreich, weil sie das tun, was andere Menschen nicht tun."
Henry Ford

Vielleicht hast du dir auch schon die Fragen gestellt:

Warum sind manche Menschen erfolgreicher als andere?

Was zeichnet erfolgreiche Menschen aus?

Wie werde ich erfolgreich?

Erfolgreiche Menschen erkennst du an den folgenden neun Merkmalen:

1. Selbstdisziplin
2. Ehrgeiz
3. Kreativität
4. Durchhaltevermögen
5. Geduld
6. Hohe Lernbereitschaft
7. Hoher Wissensschatz
8. Mut
9. Glaube an sich selbst

Wenn du nach all diesen Punkten lebst, hast du das optimale Fundament für deinen Erfolg geschaffen. Du wirst schnell feststellen, dass es Punkte gibt, die dir eher zufallen, wie zum Beispiel die Kreativität, und andere Punkte, wie die Geduld eine Herausforderung darstellen. Versuche, explizit an den Punkten zu arbeiten, die dir noch schwerfallen. Und falls du in alte Muster verfallen solltest, sei gnädig zu dir, lasse Fehler zu und versuche, deine Komfortzone zu verlassen getreu dem Motto: Hinfallen, aufstehen, Krönchen richten, weitergehen.

Es gibt zahlreiche Erfolgsgeschichten prominenter Persönlichkeiten, die deutlich machen, dass Erfolg nicht vom Himmel fällt, sondern das Ergebnis jahrelanger Arbeit ist. Dazu ein paar Beispiele:

Steve Jobs

Der Apple-Gründer Steve Jobs war vor allem wissbegierig und bereit, viel zu lernen und auszuprobieren. Er hatte den Mut, neue Wege zu gehen, und schrieb damit eine einzigartige Unternehmensgeschichte.

Es ist heute kaum vorstellbar, dass seine Idee, jeden Haushalt mit einem Computer auszustatten, auf wenig Gegenliebe stieß. Mit seinem 1984 vorgestellten Rechner stellte er mit seiner grafischen Benutzeroberfläche eine Revolution dar. Der Rechner wurde zu einem der meistverkauften Computer aller Zeiten. Hätte Steve auf die Stimmen von außen gehört, würde es das Unternehmen Apple sicherlich nicht mehr geben!

Michael Dell

Michael Dell ist der Gründer des IT-Unternehmens Dell. Er wurde damals von seinen Eltern zum Medizinstudium gedrängt. Doch Dell hatte eine Vision, an die er fest glaubte - er wollte Computer verkaufen. 1984 brach er sein Medizinstudium ab und gründete die Firma Dell, die heute weltweit zu den größten PC-Händlern zählt. Er folgte seiner Leidenschaft - das machte ihn zu einem erfolgreichen Unternehmer.

Joanne K. Rowling

Wir alle kennen die Bücher von Harry Potter, aber wusstest du, dass der Weg zu einer der erfolgreichsten und bekanntesten Buchautorin der Welt ein sehr steiniger war? Joanne K. Rowling wurde von zwölf Verlagen abgelehnt, bis der Kinder- und Jugendroman endlich veröffentlicht wurde.

Michelle Obama

Michelle Obama ist eine Frau, an die wir sofort denken, wenn es um erfolgreiche Frauen geht. 2018 veröffentlichte sie ihre Memoiren „Becoming", die in Rekordzeit die Bestsellerlisten weltweit erklommen. Sie berichtet vor allen Dingen auch über ihren Misserfolg, die Ablehnung am Princeton College mit den Worten: „I'm not sure that you're Princeton material.", was übersetzt heißt: „Ich bin mir nicht sicher, ob Sie das Zeug zum Princeton haben." Michelle fasste den Entschluss, sich nicht von der Ablehnung beirren zu lassen, und ließ den Misserfolg nicht zu einem Gefühl in sich heranwachsen. Sieben Monate später erreichte sie ein Brief mit der Zulassung zum Princeton College. Michelle hat an sich geglaubt und das richtige Mindset à la „Aufgeben ist keine Option" an den Tag gelegt! Bereits ihre Eltern haben ihr den Ratschlag gegeben, niemals den Blick einzuschränken, sondern Dinge für möglich zu halten, die für andere als unmöglich gelten. Michelle übrigens sagt selbst: „Misserfolg ist ein Gefühl, bevor es ein Ergebnis wird."

Walt Disney

Walt Disney wurde einst von einem Redakteur des Kansa City Star, bei dem Disney als Jugendlicher jobbte, mit der Begründung abgelehnt, ihm fehlen „Fantasie und gute Ideen". Tatsächlich ging Disneys erste Firma, das Filmstudio Laugh-O-Gram, bankrott. Mit nur 20 Dollar im Koffer machte er sich auf den Weg nach Hollywood, gründete die Walt Disney Studios und veröffentlichte seinen ersten animierten Cartoon „Schneewittchen und die sieben Zwerge". Die Filmindustrie belächelte ihn dafür und auch seine Familie stand nicht hinter ihm. Doch Disney hielt an seinen Träumen und Zielen fest. Er räumte einen Oscar nach dem anderen ab und legte den Grundstein zum Cartoon-Imperium.

Sara Blakely

Eine Frau, die es geschafft hat, mit einem Startkapital von 5.000 Dollar eine Milliardärin zu werden. Und das mit Strumpfhosen. In Eigenregie tüftelte sie zwei Jahre lang am Firmenkonzept, am Strumpfhosen-Prototyp und studierte das Geschäftsumfeld, da sie eigentlich Faxgeräte-Verkäuferin war. Hersteller und Anwälte sahen Sara als verrückt an. Sie hörte das Wort „Nein" über tausendmal. Vielleicht war das gerade der Ansporn, an dieser Vision festzuhalten. Ihr Ehrgeiz und Durchhaltevermögen haben sich ausgezahlt.

McDonald's

McDonald's-Gründer Ray Kroc zeichnete vor allem eines aus: Er hatte viel Geduld und Durchhaltevermögen. Mit 52 Jahren kam der einstige Milchshake-Maschinen-Verkäufer auf die Idee, dem Fast-Food-Restaurant McDonald's weltweit zum Durchbruch zu verhelfen. Mit Mitte 50 erreichte Ray sein Ziel und wurde zum Gründer der größten Fast-Food-Kette weltweit. Er hat an sich geglaubt und viel Durchhaltevermögen mitgebracht.

Ilka Groenewold

Und kommen wir nun zu meinem persönlichen Erfolgsbeispiel. Im Jahr 2011 nahm ich im Alter von 26 Jahren eine hohe Kreditsumme bei der Bank auf. Du kannst sicherlich nachvollziehen, dass man als Frau, mit 26 Jahren und dazu als Künstler es nicht einfach hat, bei der Bank Vertrauen zu erhalten und das Geld zu bekommen. Ich torkelte von Bank zu Bank und wurde sogar von meiner damaligen Hausbank abgelehnt. Niemand wollte mir die hohe Kreditsumme geben. Die Einzige, die stets an sich glaubte und weiter mit ihren Unterlagen die nächste Bank aufsuchte, war ich selbst. Um meinen Glauben zu manifestieren, druckte ich damals den Scheck aus dem Buch „The Secret" von Rhonda Byrne aus und füllte ihn aus. Ich visualisierte, dass ich das Geld bereits habe. Und siehe da, meine allerletzte Chance führte mich zum gewünschten Ergebnis. Ich bekam das Geld und hatte mein Ziel erreicht. Ich erzähle dir bewusst dieses Beispiel aus meinem Leben, weil es der einzige Moment war, an dem keiner mehr bis kurz vor zwölf an mich geglaubt hat. Es ist der Glaube an mich selbst, der mich erfolgreich machte! Die anderen Merkmale wie Durchhaltevermögen haben mich auf dem Weg zum Erfolg begleitet.

Und jetzt kommst du! Anhand der Erfolgsmerkmale und der Erfolgsgeschichten hast du nun ein gutes Fundament für deinen persönlichen Erfolgsweg gelegt. Erfolgsgeschichten wie die von McDonalds-Gründer Ray Kroc zeigen, dass es nie zu spät ist, deine persönliche Erfolgsgeschichte zu schreiben. Du wirst sicherlich an einen Punkt kommen, der dich zweifeln lässt. Überwinde diesen Punkt, weiche keinerlei Hürden aus und arbeite an deinem Weg. Das größte Hindernis für einen effektiven Erfolg im Leben ist meist das Vor-sich-Hinschieben - das Prokrastinieren. Meine Empfehlung lautet: Beschäftige dich gleich am Morgen mit deinen Zielen. Vielleicht hilft es dir, direkt nach dem Aufstehen eine Art Erfolgstagebuch für deine Visualisierung zu schreiben. Probiere es aus! Mit meinem Erfolgsbeschleuniger im kommenden Kapitel fällt es dir sicherlich noch leichter, all deine jetzigen Herausforderungen im Handumdrehen zu meistern.

Die Regeln des Erfolgs

Die Regeln des Erfolgs sind aus bestimmten Regelmäßigkeiten abgeleitete Richtlinien, die man auf Erfahrungen und Erkenntnissen von und mit Menschen gewonnen hat. Die Regeln helfen dir, dein Zeitmanagement auf dem Weg zum Erfolg zu optimieren. Es folgt eine Auswahl der bekanntesten Regeln:

Ein-Prozent-Regel

Die Ein-Prozent-Regel beschreibt das Phänomen, dass ein großer Teil des Erfolgs nur auf wenige Menschen verteilt ist. Beispielsweise reicht in einem Wettbewerb ein kleiner Vorsprung von nur einem Prozent, der sich zu einem großen Vorsprung entwickeln und ausgebaut werden kann. Der Grund dafür liegt im kumulativen Vorteil.

20-20-60-Regel

Die Regel aus dem Zeitmanagement funktioniert folgendermaßen: 60 Prozent deiner Zeit solltest du tatsächlich verplanen, weitere 20 Prozent nur als Puffer und die restlichen 20 Prozent für Weiteres wie Familie, Freunde und Freizeit verplanen. Gerade für die Arbeitswelt lässt sich diese Erfolgsregel anwenden.

PEPE-Regel

Die PEPE-Regel stammt ebenfalls aus dem Zeitmanagement und soll dir dabei helfen, die zu erledigenden Aufgaben zu gewichten. Das Akronym **PEPE** steht für **P**riorität vor **E**iligkeit vor **P**erfektion vor schnellem **E**rfolg. Was ist dir wirklich wichtig? Welche Aufgaben können schon mal schnell erledigt werden? Mit der PEPE-Regel bringst du Struktur in dein Zeitmanagement.

50-30-20-Regel

Bei dieser Regel verteilst du dein Gehalt und sämtliche Einnahmen auf drei unterschiedlich große Ausgaben- und Sparbereiche. 50 Prozent entfällt auf die Grundausgaben, 30 Prozent für die Finanzierung persönlicher Bedürfnisse und die restlichen 20 Prozent kannst du zum Sparen, für Geldanlagen etc. nutzen. Selbst bei geringem Einkommen lässt sich mit der 50-30-20-Regel Geld sparen und Kapital aufbauen. Gleichzeitig hast du einen guten Überblick über deine Finanzen.

10.000-Stunden-Regel

Die 10.000-Stunden-Regel besagt, dass wir Menschen erst in etwas gut und erfolgreich sind, wenn wir 10.000 Stunden darin investiert haben. Ganz gleich, ob es Sportler*innen, Musiker*innen oder Unternehmer*innen sind.

72-Stunden-Regel

Was du nicht in den nächsten 72 Stunden erledigst, das wird nichts mehr. Selbstmotivation fällt uns besonders nach mehreren Niederlagen schwer und der innere Schweinehund macht sich breit. Hier greift die 72-Stunden-Regel: Es gilt, innerhalb dieser Frist zu handeln und den inneren Schweinehund zu besiegen.

80-20-Regel

Bei der 80-20-Regel handelt es sich um das Pareto-Prinzip. Es besagt, dass wir 80 Prozent unseres

Vorhabens mit nur 20 Prozent unseres Einsatzes erreichen. Für die weiteren 20 Prozent benötigen wir allerdings 80 Prozent der Zeit.

70-20-10-Regel

Dies ist die Erfolgsregel fürs Networking. Sie besagt, dass du 70 Prozent der Zeit dafür investieren solltest, anderen Menschen zu helfen. 20 Prozent kannst du für die Selbstpräsentation nutzen und die restlichen zehn Prozent darauf verwenden, andere um Hilfe zu bitten.

66-Tage-Regel

Die Phase vom bewussten Ausführen einer Tätigkeit bis zur automatisierten Gewohnheit beträgt im Durchschnitt 66 Tage. Zu dieser Erkenntnis kam die Psychologin Phillippa Lally vom University College in London. Du möchtest beispielsweise Sport in den Alltag integrieren? Dann bräuchtest du nach dieser Regel 66 Tage, bis der Sport nicht mehr aus deinem Leben wegzudenken ist.

Das erwähnte Pareto-Prinzip, die 80-20-Regel, ist auch als **Eisbergmodell** bekannt. 20 Prozent der Eisfläche befindet sich über dem Wasser. Die restlichen 80 Prozent liegen unter der Wasseroberfläche. Der Kern des Eisbergmodells geht auf den österreichischen Psychologen und Arzt Sigmund Freud zurück, der amerikanische Schriftsteller Ernest Hemingway führte die Metapher des Eisbergs ein. Meist wird das Modell in der Kommunikation angewandt. Auf Erfolg übertragen zeigt das Modell, dass dem sichtbaren Erfolg ein langer

Weg mit harter Arbeit, Risiken, Mut, Selbstdisziplin etc. vorausgegangen ist.

Das Eisbergmodell als Geheimnis des Erfolgs

Erfolg ist eine Einstellungssache

Wer sich bewusst macht, dass er oder sie selbst den eigenen Erfolg massiv beeinflussen kann, schafft die Basis für Erfolg. Der deutsche Regisseur Anton Weber sagte einst: „Die einzige Person, die dem eigenen Erfolg im Weg ist, ist die, welche wir im Spiegel sehen." Wir sind oft im Mindset falsch gepolt und sehen das Negative und den Misserfolg. Anstatt im

Alltag die gut gelaufenen Dinge und Momente zu manifestieren, halten wir uns an all dem fest, was schiefgelaufen ist. Regelmäßige Selbstreflexion ist hier der Schlüssel zu mehr Erfolg. Mach dir bewusst, was du schon erreicht hast. Aus den bisherigen Erfolgen lässt sich Kraft für neue Ziele schöpfen. Sieh Rückschläge und Misserfolge als wichtige Puzzleteile des Erfolgs.

Erfolglose Menschen versus Erfolgreiche Menschen

Kapitel 4

Erfolgsbeschleuniger

„Werte sind wie Fingerabdrücke. Keiner hat dieselben, aber du hinterlässt sie bei allem, was du tust."
Elvis Presley

Wie du in den vergangenen Kapiteln bereits erfahren hast, gibt es unterschiedliche Formen des Erfolgs. In diesem Kapitel konzentrieren wir uns auf die Erfolgsbeschleuniger konzentrieren und einer lautet: Zielsetzung.

Nachdem du dich bereits du Beginn des Buches gefragt hast, was Erfolg für dich bedeutet und ob du dich selbst als erfolgreich siehst, stelle ich nun provokativ die Frage: Kennst du dich und deine Ziele?

Schon der römische Philosoph Seneca sagte: „Wenn du nicht weißt, wohin du segeln willst, ist kein Wind der richtige." Ich finde, dieses Zitat passt so sehr zu meinem Buchtitel „Erfolgskompass - Deine Reise zum Erfolg".

Die wenigsten Menschen können klar definieren, was sie wollen. Anstatt ein klares Ziel vor Augen zu haben, sind sie häufig planlos. Das hat zur Folge, dass der gewünschte Erfolg ausbleibt. Um dem entgegenzuwirken, ist es wichtig, zunächst erst einmal zu wissen, was dein Ziel ist. Denn ein klares Ziel wird zum Beschleuniger des Erfolgs. Warum willst du mehr Freizeit, wenn du gar nicht weißt, was du mit der gewonnenen Zeit machen möchtest? Warum möchtest du monatlich Geld sparen, wenn du gar nicht weißt, wofür du eigentlich sparst?

Um sich selbst besser kennenzulernen und um zu einer Zieldefinition zu gelangen, empfehle ich dir den Wertetest. Werte sind Glaubenssätze, nach denen wir leben wollen. Wenn du dir im Klaren über deine Werte bist, wirst du weniger beeinflusst und findest schneller zu deinem Ziel.

Dazu ein Beispiel: Für mich sind die Werte Freiheit und Unabhängigkeit äußerst wichtig. Mein Ziel ist es daher, viel Geld zu verdienen, damit ich die Freiheit und Unabhängigkeit erlange. Du hörst bereits raus, dass es nicht das Geld an sich ist, das mich glücklich macht. Es ist lediglich das Mittel zum Zweck. Es führt mich zu meinem Ziel, die Freiheit zu haben, zum Beispiel Reisen zu können. Damit du deine persönlichen Werte kennenlernen kannst, folgt jetzt der Wertetest.

Hierfür benötigst du einen Zettel und einen Stift.
Suche dir aus der folgenden Liste zwölf Werte aus, die dich ausmachen und beschreiben:

Abenteuer
Achtsamkeit
Akzeptanz
Authentizität
Balance
Beharrlichkeit
Beliebtheit
Bescheidenheit
Dankbarkeit
Disziplin
Effizienz
Ehrlichkeit
Empathie
Entwicklung
Erfolg
Fantasie
Flexibilität
Freiheit

Friedfertigkeit
Fröhlichkeit
Geduld
Gelassenheit
Gerechtigkeit
Gesundheit
Glaubwürdigkeit
Großzügigkeit
Harmonie
Herzlichkeit
Hilfsbereitschaft
Humor
Intuition
Kompromissbereitschaft
Konstruktivität
Kreativität
Kritikfähigkeit
Leichtigkeit
Leidenschaft
Lernbereitschaft
Liebe
Loyalität
Mitgefühl
Mut
Nachhaltigkeit
Nähe
Neugierde
Offenheit
Optimismus
Ordnung
Perfektion
Rationalität
Realismus
Respekt
Sanftmut
Selbstbestimmung
Sensibilität
Sicherheit
Solidarität
Spaß
Spiritualität
Toleranz
Tradition
Transparenz
Treue
Unabhängigkeit
Verantwortung
Vertrauen
Weisheit
Wissen
Wohlstand
Wohlwollen
Zugehörigkeit
Zuverlässigkeit

Nachdem du nun aus der Liste zwölf Wörter ausgewählt hast, gilt es, diese weiter auf drei für dich bedeutende Werte zu reduzieren. Dies kannst du auf unterschiedliche Weise tun. Entweder suchst du dir nach deinem Bauchgefühl die für dich wichtigsten drei Werte raus oder du gibst jedem Wert noch einmal eine

Platzierung, indem du die Wichtigkeit auf einer Skala von eins bis fünf bei jedem Begriff festlegst. Am Ende betrachtest du nur die Begriffe mit der höchsten Priorisierung. Falls es mehr als drei Begriffe sind, stelle die punktgleichen Begriffe gegenüber und wäge ab, welcher Wert für dich wichtiger erscheint. Vielleicht fällt es dir schwer, Werte wie Toleranz und Spiritualität zu vergleichen. Versuche, dir konkrete Situationen vorzustellen. Ich empfehle dir, dass du dir dafür ruhig ein wenig mehr Zeit nimmst, denn diese Werte sind die Basis für deine Zieldefinierung.

Wenn du deine drei Werte gefunden hast, frage dich, warum dir diese drei Werte so wichtig sind. In meiner Arbeit als Coach mache ich zunächst eine Bestandsaufnahme, wie in unserem Beispiel legt der Kunde seine drei Werte fest, und fragt dann nach dem Warum. Warum sind mir diese drei Werte so wichtig? Ich finde den Wert „Unabhängigkeit" essenziell, denn dieser gibt mir persönlich das Gefühl von Freiheit.

Wenn ich mein Warum gefunden habe, frage ich mich im nächsten Schritt, was ich dafür tun muss, um unabhängig zu sein. Das bedeutet, ich habe an dieser Stelle schon mein Ziel definiert und kann jetzt darauf hinarbeiten. Das Ziel ist es, unabhängig zu sein. Wenn ich das mit einer Trennung von Menschen oder mit monetären Mitteln schaffe, sollte ich an dieser Stelle genau das anstreben. Das bedeutet, mich von Menschen zu verabschieden, die mir nicht guttun, oder mehr arbeiten oder einen anderen Job ausüben, der mir mehr Geld verschafft.

Noch einmal zusammengefasst: Finde deine drei Werte, frage nach dem Warum und überlege dir, wie du diese Werte beziehungsweise Ziele erreichen kannst. Um jetzt diesen Werten noch mehr Aufmerksamkeit zu schenken, diese zu manifestieren, empfehle ich dir, sie auf ein Blatt Papier zu schreiben und in deiner Wohnung aufzuhängen.

Ein kleiner Tipp am Rande: Tausche dich in deinem Umfeld mit Familie, Freunden, Kolleg*innen zum Thema Werte aus. Es kann unglaublich bereichernd sein, dazu in den Dialog zu gehen, und gleichzeitig lernst du dein Gegenüber noch besser kennen. Die Ziele eines jeden Menschen sind unterschiedlich und der Erfolg stellt sich für jeden Menschen anders dar. Im Austausch bekommst du dadurch wertvolle Impulse und betrachtest die Situation und das Leben aus einem anderen Blickwinkel.

Für den Beschleuniger des Erfolgs sind noch weitere Elemente von großer Bedeutung. Es ist wichtig, loslassen zu können, denn meist entsteht durch das Eifern nach Erfolg auch eine Verkrampftheit. Um das von dir definierte Ziel zu erreichen, braucht es auch so etwas wie Leichtigkeit. Denn Verbissenheit bringt die Energie aus der Bahn. Im Kapitel 5 „Erfolg ist Magie", gehe ich näher darauf auf. Merke dir an dieser Stelle: Erfolg entsteht vor allem dann, wenn du mit Leichtigkeit und Freude deine Ziele verfolgst!

Erfolgreiche Menschen sind gute Netzwerker. Ein gutes Netzwerk schadet nur dem, der keins hat. Erfolgreiche Menschen haben in der Regel zahlreiche Kontakte, auf die sie zurückgreifen können, wenn sie Hilfe brauchen.

Sie pflegen und wertschätzen ihre Kontakte. Ein Netzwerk ist zum einen ideal für den Austausch und zum anderen hilft es, dort die richtigen Menschen zu finden, die dich auf deinem Weg begleiten. Dein Netzwerk kann sowohl digital auf Plattformen wie Facebook, XING oder LinkedIn existieren, oder auch im realen Leben. Gerade bei Netzwerkveranstaltungen möchte jeder Gast den Kontaktaustausch und das Gespräch.

Überwinde die Hürde und komme ins Gespräch. Empfiehl gerne Menschen aus deinem Netzwerk weiter, wenn du hörst, dass jemand mit den Fähigkeiten gesucht wird. Für mich ist es immer eine Freude zu sehen, wie ich Menschen verbinden kann, und gleichzeitig gibt es mir Energie, die ich wieder für meine Zielerreichung nutzen kann. Halte Kontakt zu den Menschen, die dich gefördert haben, und sei dankbar dafür.

Energie auf Erfolg zu lenken, bedeutet auch, Zeit zu investieren. Für den optimalen Start in den Tag könntest du das in Kapitel 3 angesprochene Erfolgstagebuch schreiben und dort schon morgens deine Ziele visualisieren. Gerade der Morgen ist eine hervorragende Zeit, um Dinge zu tun, die deinen Erfolg fördern. Das hat damit zu tun, dass morgens auch noch die Gedanken frei und wir noch nicht im Hamsterrad des alltäglichen Workflows gefangen sind.

Um weiter motiviert auf das Ziel hinzuarbeiten, solltest du immer auch auf die erreichten Ziele zurückschauen. Diese stärken dein inneres Ich und bekräftigen zusätzlich, an weiteren Zielen festzuhalten.

Sei ein*e gute*r Zuhörer*in! Wenn du richtig zuhörst, hörst du mehr, als gesagt wird. Ein wirklich guter Zuhörer kann seine*n Gesprächspartner*in im Handumdrehen für sich einnehmen. Du kannst auf das Gesagte eingehen und deinem Gegenüber ein gutes Gefühl vermitteln.

Für die Visualisierung kannst du neben den drei Werten, die du auf Papier in deiner Wohnung hängen hast, ein Vision Board erstellen. Auf dem Vision Board kannst du skizzieren, wo du hinmöchtest - was deine Ziele sind. Versuche, deine Gefühle zu erkennen, während du das Vision Board erstellst. In unserem Körper entstehen biochemische Prozesse, wenn wir uns den Erfolg „richtig" vorstellen. Zum einen gibt uns dieser Moment ein gutes Gefühl. Der Körper schüttet Glückshormone aus, setzt mehr Energie frei, die du wiederum nutzen kannst, sie auf deine Ziele zu lenken. Zum anderen wird dein Fokus klarer, je mehr und auch je öfter du visualisierst. Hänge dein Vision Board ebenso wie deine drei Werte an einen zentralen Ort in deiner Wohnung, um regelmäßig damit konfrontiert zu werden.

Triff klare Entscheidungen! Entscheidungen im Leben zu fällen, ist nicht immer einfach. Es kann schmerzhaft sein, etwas loszulassen, doch es ist notwendig. Wenn du keine Entscheidungen triffst, wird es nicht einfacher mit dem Erfolg. Du wirst dich im Laufe der Zeit selbst verlieren! Mein Credo lautet daher: Ein „Nein" ist ein „Ja" zu sich selbst. Sage öfter einmal im Leben „Nein". Du wirst im Laufe der Zeit merken, dass es sich gut anfühlt und du mehr Freiraum für dich gewinnst. Oft bleibt Menschen der Erfolg verwehrt, weil sie zu viel auf einmal wollen und zu lange an der Abzweigung verweilen. Schlage den Weg direkt ein! Alles andere ist Energieverschwendung. Der Schlüssel zum Erfolg ist, Kompromisse einzugehen und auszuhalten!

Suche dir Vorbilder! Wen bewunderst du und warum? Lebenswege, Erfahrungen und Erkenntnisse von Vorbildern werden dir helfen, deine eigenen Ziele schneller und effizienter zu erreichen. Vielleicht konnte ich dich auch mit den Erfolgsgeschichten aus dem vorherigen Kapitel inspirieren.

Zweifel nicht! Wer seine Vision vor Augen hat, zweifelt nicht und will diese wahr werden lassen. Jedes noch so große Hindernis hält ihn nicht auf. Statt zu zweifeln, treffen erfolgreiche Menschen Entscheidungen und gehen ihren Weg, bis er sie zum gewünschten Ziel – dem Erfolg – führt.

Finde deinen Flow! In der Flow-Forschung des US-amerikanischen Professors Mihály Csikszentmihályi wurde festgestellt, dass das Erfolgsgefühl besonders ausgeprägt ist, wenn die eigenen Fähigkeiten und die Herausforderungen/Ziele sich die Waage halten. Diesen Punkt zu finden, ist sicherlich die größte Herausforderung. Denn zu erkennen, dass manches Ziel zu hoch gesteckt ist, spürt man meist nur von außen durch die Umstände oder die Menschen, die einen darauf aufmerksam machen. Oft wollen wir Anerkennung im Außen oder Perfektionismus, was unserem Innersten nicht entspricht und dem Flow entgegensteht. Steigen die Anforderungen schneller als unsere Fähigkeiten, kann das Ganze auch in Stress oder in einem Burn-out enden. Und andersrum: Sind die Herausforderungen niedriger als die Fähigkeiten, spüren wir eine Langeweile. Dies ist bei vielen Menschen im Job der Fall und ich rate diesen dringend zu kündigen. Fehlt es an Herausforderungen im Job oder im Leben, stellt sich ein Gefühl der Apathie, ein Zustand der Gleichgültigkeit ein. Dies ist kein Weg, der dich zu einem erfolgreichen Menschen werden lassen wird.

Übernimm Verantwortung für dein Leben! Nur so hast du dein Leben selbst in der Hand. Es ist fatal, die Schuld für einen Misserfolg bei jemand anderem zu suchen. Frage dich lieber, was du hättest anders oder besser machen können. Wer die Schuld von sich abweist und bei seinem Gegenüber sucht, flüchtet sich in Ausreden, anstatt das Problem wirklich anzugehen. Das ist eine wahre Erfolgsbremse!

Das gilt auch für Entscheidungen. Du musst Entscheidungen für dich und dein Leben treffen. Glaube stets an dich und denke immer daran, wenn jemand anderes es nicht schafft, bedeutet es nicht, dass du es nicht trotzdem schaffen kannst.

Schaffe Ordnung an deinem Arbeitsplatz! Ein voller Arbeitsplatz - egal, ob Schreibtisch oder Festplatte - bedeutet auch Ballast für deine Seele und deine Motivation. Gleiches gilt, wenn du dir zu viele Aufgaben auf einmal vornimmst. Gehe Schritt für Schritt vor. Wenn du dich einmal überschätzt hast, gehe einen Schritt zurück und setze dort erneut zum Durchstarten an.

Sei pünktlich! Zu einer guten Struktur gehört auch Pünktlichkeit bei Terminen. Egal, ob Online-Meetings, Telefonate oder klassische Meetings. Zum verabredeten Zeitpunkt vor Ort zu sein, hilft dir, deinen Tagesablauf nicht durcheinander zu bringen, und gleichzeitig hinterlässt es einen guten Eindruck bei deinem Gegenüber. Pünktliches Erscheinen ist gleichzeitig ein Zeichen von Anerkennung und Respekt, egal ob in beruflichen oder privaten Kontexten. Ich empfehle daher, immer ein paar Minuten eher vor Ort zu sein. Das schafft Raum für dich, um dich inhaltlich, mental und physisch auf ein bevorstehendes Meeting vorzubereiten. Gerade bei längeren Anreisewegen ist ein zeitlicher Puffer immer Gold wert. So bringt dich auch kein unerwarteter Stau in Zeitnot.

Ein weiterer Erfolgsbeschleuniger ist deine Motivation. Beim Begriff „Motivation" unterscheidet man zwischen extrinsischer und intrinsischer Motivation.

Die intrinsische Motivation entsteht durch Einsicht, ein Ziel oder einen Wunsch. Beispielsweise mein Ziel und gleichzeitig mein Wunsch ist es, einen Marathon zu absolvieren. Automatisch steigt meine Motivation für das Ziel zu trainieren. Deshalb ist es auch wichtig, seine Wünsche und Ziele zu definieren und auf einem Papier festzuhalten. Dadurch steigt die Motivation, die Dinge in Angriff zu nehmen.

Die extrinsische Motivation ist eine durch äußere Reize hervorgerufene Form der Motivation. Zum Beispiel der Wunsch nach einer Belohnung oder das Vermeiden einer Bestrafung. Um beim Sport zu bleiben, kann ich mir vornehmen, laufen zu gehen, um mir danach ein schönes Bad zu gönnen. Oder um beim Thema Bestrafung zu bleiben, ich muss auf die Schokolade verzichten, wenn ich meine Sporteinheit nicht durchführe. Im Unterschied zur intrinsischen Motivation werden Aufgaben, wie in diesem Beispiel der Sport, nicht um ihrer selbst Willen oder aus eigenem Antrieb durchgeführt, sondern in der Aussicht auf eine Belohnung oder die Vermeidung einer Strafe.

Im Idealfall kommen beide Quellen der Motivation, die intrinsische sowie die extrinsische, zusammen und ergänzen sich. Die Begriffe stammen aus der Motivationsforschung. Die Motivationsforschung ist wiederum ein Teilgebiet der Psychologie. Das Motiv entspricht einem Bedürfnis des Menschen. Motive nehmen eine zentrale Rolle in der Erklärung von Verhalten ein. Du machst etwas beispielsweise kochen, weil dieser Zustand angenehme emotionale Konsequenzen, Affekte genannt, mit sich bringt. Diese wären in meinem Beispiel das leckere Essen, das du für dich und deine Familie gekocht hast.

Interessant ist, dass für alle Menschen die gleichen Motive gelten. Das Einzige, was uns voneinander unterscheidet, ist die Wichtigkeit der verschiedenen Motive. Grundlegende Motive sind physiologischer Natur: Hunger, Durst und Sexualität.

Diese sind zurückzuführen auf die evolutionären Prozesse. Sie werden im Gehirn über die vegetative Schaltzentrale, Hypothalamus genannt, gelenkt. Die Schaltzentrale ist verantwortlich für die Freisetzung von Hormonen, die wiederum mit dem Stoffwechsel interagieren und das Bedürfnis nach Nahrung,

Flüssigkeit und Sex steuern. Sie sind ebenfalls verantwortlich für die Bedürfnisse nach zwischenmenschlichen Beziehungen, Macht, Dominanz und Kontrolle über andere Menschen. Daneben betrachten einige Forscher Aggression und Neugier als weitere Motive. Das Ganze lässt sich evolutionspsychologisch begründen: Individuen, die ein entsprechendes Motiv hatten, konnten sowohl die Überlebenschancen als auch die Fortpflanzungschancen steigern. Die Motive „Macht“ und „Dominanz“ machten attraktiv, ähnlich wie ein ausgeprägtes Leistungsmotiv. Das Anschlussmotiv förderte den Gruppenzusammenhalt.

Halten wir also fest: Motivation entsteht immer dann, wenn ein Motiv angeregt wird. Mein erstgenanntes Beispiel, das Absolvieren eines Marathons als Motivation, aktiviert das Leistungsmotiv. Die treibende Kraft hierbei ist die Affektantizipation. Ich erwarte im Ziel Freude und Stolz und gehe somit schon bei der Motivation einen Marathon zu bestreiten, davon aus, dass mich positive emotionale Konsequenzen erwarten. Ich aktiviere mit dem Vorhaben, einen Marathon zu absolvieren, ein Motiv, weil ich erwarte, dass ich mich nach dem Marathon gut fühle. Also aus der Anregung von Motiven folgt die Motivation, die einen positiven Erregungszustand mit sich bringt.

Weg vom Ursprung und der Wissenschaft hin zum eigentlichen Thema: Motivation. Alle Menschen wollen motiviert sein! Es fühlt sich gut an, motiviert durchs Leben zu gehen. Motivation steht im direkten Zusammenhang mit der uns in einem Moment zur Verfügung stehenden Handlungsenergie. Vielleicht kennst du das auch: Du brennst für etwas, gehst motiviert an die Sache ran und vergisst die Zeit dabei. In diesem Moment entfacht bei dir die Handlungsenergie.

Gerne erinnere ich mich an meine Vorbereitung zum Ironman 2018, als ich bis in die Nacht täglich gearbeitet oder trainiert habe. Ich war unglaublich motiviert, im Beruf und auch im Sport Bestleistungen abzurufen, ich sprühte vor Energie und nichts und niemand konnte mich aufhalten. Ich weiß, dass ich diese Kraft nur aufbringen konnte, weil ich Freude an diesem Projekt hatte und immer motiviert an die Sache ging.

Für alles, was wir an einem Tag, in einer Woche, in einem Monat oder Jahr tun wollen, haben wir eine Motivation. Und jede Motivation hat ein Potenzial. Man spricht hierbei von unterschiedlichen Motivationspotenzialen. Frage dich selbst, was dir Freude bereitet und dich motiviert. Vielleicht gibt es auch eine Art Schweinehund, der dich aufhält. Ich bin überzeugt davon, dass man durch einfache Tricks sich selbst überlisten kann und den Schweinehund im Handumdrehen überwindet. Da der Mensch unterschiedliche Voraussetzungen für Motivation hat, ist es nicht erstrebenswert, die gleiche Tätigkeit wie mein Gegenüber auszuführen. Auch hier gilt, horch in dich hinein: Was bereitet dir Freude und setzt Energie bei dir frei?

Sieh Probleme als Herausforderung. Glücksforscher Achor Shawn hat genau dazu eine Studie mit Mitarbeiter*innen, die von der Finanzkrise betroffen waren, durchgeführt. Die Personen, die am Boden zerstört waren, haben noch viele Wochen lang eine schlechte Leistung erbracht. Die wenigen, die die Finanzkrise als Chance und als Herausforderung angesehen haben, konnten innerhalb kürzester Zeit wieder deutliche Fortschritte machen. Wenn du ein Problem als Gefahr einstufst, verfällst du in eine Art Schockstarre. Sie führt zu Antriebslosigkeit und Frust. Ich glaube, ein jeder von uns kennt diesen Zustand. Wichtig ist, dass wir in diesem Zustand die Herausforderung annehmen. Wenn wir die Herausforderung meistern, schüttet unser Gehirn Dopamin aus und das motiviert.

Kapitel 5

Erfolg ist Magie

„Es ist wichtig, uns daran zu erinnern, dass wir alle Magie in uns haben."
J. K. Rowling

Wenn du mein Buch „Empowerment - Wegweiser in ein erfülltes Leben" gelesen hast, weißt du, dass ich fest davon überzeugt bin, dass Spiritualität uns wachsen lässt. Auch meine persönliche Erfolgsgeschichte, die ich dir in Kapitel 3 erzählt habe, zeigt, dass mich meine Spiritualität ans Ziel gebracht und erfolgreich gemacht hat. Denn Erfolg hängt viel von tieferen und spirituellen Faktoren ab, die in sieben spirituellen Gesetzen zusammengefasst werden können. Ich bin fest davon überzeugt, dass auch dich die Spiritualität maßgeblich auf deinem Weg zum Erfolg begleiten kann.

Bevor ich dir die sieben spirituellen Gesetze des Erfolgs vorstelle, möchte ich zunächst erläutern, was unter dem Begriff Spiritualität zu verstehen ist. Denn während viele von uns Spiritualität gerne einmal mit Hokuspokus gleichsetzen, ist Spiritualität etwas ganz anderes. Spiritualität ist der Weg des geistigen Übens mit dem Ziel, zu einer höheren Wirklichkeit zu gelangen. Ähnlich wie du beim Erreichen deiner Ziele visualisierst, Aufmerksamkeit schenkst und den Glauben daran hast, hat Spiritualität viel mit Energie und Hinwendung zu tun.

Beides kann sich meines Erachtens prima ergänzen, weshalb ich diesem Thema ein ganzes Kapitel widme.

Die sieben spirituellen Gesetze des Erfolgs

1. Entdecke dein wahres „Ich"!

Um sein wahres Ich zu finden, musst du dich mit dir selbst auseinandersetzen. Ein idealer Ort ist dafür die Natur. Gehe in den Wald, spüre die Friedlichkeit, nimm die Ruhe wahr und erkenne deine Verbundenheit mit dem Universum. Hier kannst du fühlen, dass die Welt ein verbundenes Energiefeld ist. Dieses Energiefeld ist eine grenzenlose Kraftquelle für das gesamte Universum. Sobald du diese Verbundenheit fühlst und erkennst, dass du nicht ein einzelner Mensch, sondern ein Teil des komplexen Geflechts der Natur bist, erkennst du, dass dein wahres Selbst keinerlei Grenzen kennt.

Eine Alternative zur Natur ist die Meditation, die dich in einen ähnlichen Zustand der Verbundenheit und Selbsterkenntnis bringen kann. Indem du die Energie in deinem Inneren spürst und diese sich in deinem wahren Selbst erschließt, kannst du alles erreichen, was du dir wünschst: Wohlstand, Erfolg oder spirituelle Entwicklung. Allerdings musst du dich von deinem Ego lösen. Zu oft sind wir auf den sozialen Status oder andere Dingen im Außen fokussiert und haben dadurch eine eingeschränkte Sichtweise. Wenn dein Ego die Kontrolle hat, verlierst du die Verbindung mit deinem wahren Selbst und damit die Möglichkeit des endlosen Feldes an Energie. Solange du dich stark mit deinem Ego identifizierst, siehst du dich weiter getrennt vom

Rest des Universums. Um dich von deinem Ego zu lösen, meditiere. In diesem Zustand kannst du deine Aufmerksamkeit in aller Ruhe auf deine Atmung konzentrieren und deine Gedanken beobachten. Dein Geist und dein Körper werden dabei ruhig und dein Ego löst sich auf. Dieser Moment gibt dir die Chance, dich wieder mit deinem wahren Selbst zu verbinden.

2. Nimm den Moment an!

Vielleicht kennst du das auch: Du bist in einer Situation und machst dir Sorgen über die Umstände und denkst darüber nach, was alles passieren könnte. Man nennt es auch das chronische Besorgt-Sein. Wir Menschen neigen dazu, für so etwas sehr viel Zeit zu investieren und Energie zu verschwenden. Lerne deine derzeitige Situation zu akzeptieren. Wenn du die Situation annimmst, kannst du beginnen, von ihr zu lernen und zu wachsen. Umarme deine derzeitige Situation und praktiziere die Verteidigungslosigkeit. Wenn du es schaffst, Verteidigungslosigkeit auszuüben, verlierst du das Bedürfnis, andere Menschen zu überzeugen, dass du recht hast, dass deine Meinung richtig ist und ihre falsch. Verteidigungslosigkeit heißt, offen die Gedanken gegenseitig auszutauschen, ohne dabei das Gefühl zu haben, von anderen verurteilt zu werden.

3. Vertrau dem Universum!

Wenn du deine Wünsche und Ziele erreichen willst, musst du dich von ihnen lösen. Es klingt vielleicht ein wenig paradox, doch wenn du es schaffst, dich von deinen tiefsten Wünschen zu lösen, und dich gleichzeitig mit dem Energiefeld verbindest, kann die Kraft der Natur des Universums deine Wünsche wahr werden lassen. Wenn du dich von materiellen Besitztümern löst und deine wahre Natur erkennst, wirst du feststellen, dass sogar die Angst vor dem Tod verschwindet. Dein Körper und dein Geist werden sich lösen und dein wahres Ich bleibt in dem Energiefeld, das alles neue Leben im Universum zur Welt bringt.

Dass Loslassen und dem Universum vertrauen der Schlüssel zum Erfolg ist, sehen wir immer wieder bei der Partnersuche. Wie oft ist der alleinstehende Mensch besessen davon, krampfhaft einen Partner über Partnerbörsen oder im Freundeskreis etc. zu finden. Erstaunlicherweise kreuzen die richtigen Menschen deine Wege, wenn du dein Ego loslässt und aufgibst. Die Kraft des Universums hat dann das Potenzial zu wirken.

4. Empfangen heißt geben!

Geld ausgeben oder investieren ist besser und in der Regel profitabler als Erspartes! Wenn du dein Einkommen beispielsweise in fortwährende Bildung investierst, hast du das Potenzial, beruflich aufzusteigen. Indem du in dich und deine Bildung investierst, wird mehr zurückfließen, als es mit lebenslangem Sparen möglich wäre.

Hinzu kommt, dass Geld auf dem Konto in Zeiten des Niedrigzinses keine gute Anlage ist. Geld sparen stört des Universums natürlichen Fluss von Geben und Nehmen. Natürlich solltest du jetzt nicht das Geld wahllos ausgeben, sondern es bewusst für die

Erreichung deiner Ziele einsetzen oder anderen eine Freude bereiten. Gleiches gilt für die Liebe. Je mehr Liebe du anderen Menschen gibst, desto mehr wirst du auch empfangen. Sieh Beziehungen als eine soziale Währung und versuche stets, Menschen etwas zu geben: Liebe, Zuneigung, Aufmerksamkeit etc. Andere Menschen wie Freunde oder Kolleg*innen sind für deinen Erfolg unentbehrlich, denn niemand wird als Einzelkämpfer*in erfolgreich. Zeige, dass du dankbar bist. Ein einfaches Wort der Dankbarkeit oder ein Lob zum richtigen Zeitpunkt stärken die Beziehung und gleichzeitig sprichst du mit den gesagten positiven Worten auch dir Gutes zu.

Gesetz der Anziehung

Das Gesetz der Anziehung, auch Resonanzgesetz genannt, besagt, dass Gleiches Gleiches anzieht. Darüber hinaus wird davon ausgegangen, dass unsere Gedanken und Gefühle unsere Realität bestimmen. Das Resonanzgesetz soll dir Erfolg, Liebe und Geld bringen. Wenn das Gesetz der Anziehung bei dir nicht funktioniert, kann es daran liegen, dass du den Wunsch falsch formulierst und es dir „wünschst", anstatt es so zu formulieren, dass du es bereits hast oder bist.

Letztendlich sagt das Gesetz der Anziehung, dass es einen direkten Zusammenhang zwischen unserer inneren Gedanken- und Gefühlswelt mit unseren äußeren Lebensumständen gibt. Der Begriff erhielt durch das Buch „The Secret - Das Geheimnis" und „The Law of Attraction: Das kosmische Gesetz hinter The Secret" einen hohen Bekanntheitsgrad.

Karma

Karma ist aus dem Sanskrit und bezeichnet ein spirituelles Konzept, nach dem jede Handlung, physisch wie geistig, unweigerlich eine Folge hat. Diese Folge kann sich möglicherweise erst in einem zukünftigen Leben manifestieren. Man differenziert das gute und das schlechte Karma. Als „schlechtes Karma" bezeichnet man gerne eine Situation, in der man Pech gehabt hat. Bei Glück spricht man häufig vom „guten Karma". Man kann gutes und schlechtes Karma anhäufen. In unserer westlichen Kultur kommt Karma dem Glaubenssatz „du bekommst alles, was du tust, noch in diesem Leben irgendwann zurück" ziemlich nahe. Ein gutes Karma hat man sich durch gute Taten und Absichten verdient. Die letzten Jahre entstand der Begriff „Instant Karma". Damit ist gemeint, dass man für eine schlechte Tat sofort die Quittung bekommt. Egal, ob du an Karma glaubst oder nicht, die Grundhaltung etwas Gutes für andere tun zu wollen, kann nicht schaden, denn auch du empfindest eine Erfüllung und Glück, wenn du andere glücklich machst. Und wenn du dabei noch Punkte für dein Karma-Konto sammelst, umso besser.

5. Triff bewusst Entscheidungen!

Um das meiste aus dem Leben rauszuholen, solltest du prüfen, welches die beste Wahl ist, wenn man eine Entscheidung trifft. Die meisten unserer Entscheidungen im Alltag treffen wir unbewusst häufig auch aus dem Affekt heraus. Mach dir stets deine Wahlmöglichkeiten bewusst und triff ab heute bewusst eine Entscheidung. Denke daran. Wenn du eine

Entscheidung triffst und damit sogar anderen noch etwas Gutes tun kannst, zahlt es sich auf dein Karma-Konto ein.

6. Think positive!

Optimisten sehen keine Probleme, sondern Lösungen. Du kannst deinen Erfolg maßgeblich beeinflussen, indem du positiv denkst. Die Macht deiner Gedanken um dich herum können die Welt verändern. Lasse positive Absichten in dein Denken einfließen und du wirst sehen, dass sich deine Lebensqualität maßgeblich verändert. In dem Moment, indem du ein Ziel oder einen Wunsch in das Energiefeld einbringst, beeinflusst du das Universum, das dich umgibt. Vielleicht kennst du das auch: Es geschehen mehrere negative Dinge gleichzeitig im Leben und du hast das Gefühl, in einer Art Teufelskreis gelandet zu sein.

Du stellst dir selbst die Frage: „Warum passiert immer alles Negative auf einmal im Leben?" Genau in diesem Moment musst du das Ruder herumreißen und hoffungsvoll werden. Eleminiere negative Gedanken und konzentriere dich auf das Positive. So kann das Universum diese positiven Gedanken annehmen und sie Wirklichkeit werden lassen.

7. Entdecke den Sinn des Lebens!

Frage dich, warum du auf diesem Planeten Erde bist. Entdecke den Sinn des Lebens, indem du anderen hilfst und gleichzeitig erfährst, dass das Universum deine Bemühungen unterstützt. Frage dich nicht, was das Universum für dich tun kann, sondern was du für das Universum tun kannst. Wenn du dich und deine Talente kennst, folge diesen mit Leidenschaft, um erfolgreich zu werden. Wenn du das Richtige wie zum Beispiel deinen Wunschjob gefunden hast, wirst du feststellen, dass du eine endlose Energiequelle hast.

Das Universum fängt an, dich zu unterstützen und dich mit der nötigen Energie zu versorgen. Das erklärt sicherlich auch, warum manche Menschen stundenlang mühelos arbeiten können, während andere sich bereits nach ein paar Stunden ausgelaugt fühlen.

Die sieben Regeln für den Erfolg tauchen auch in der sogenannten Huna-Lehre, der neoschamanischen Lehre, auf. Der amerikanische Sprachforscher Max Freedom Long erforschte in den Zwanzigerjahren des letzten Jahrhunderts die Naturreligion der Ureinwohner auf Hawaii und kam zu folgenden Erkenntnissen, die als Erfolgsgesetze gelten:

1. Ike: Die Welt ist das, wofür du sie hältst.

Wie wir uns selbst und unsere Umwelt sehen, das halten wir für wahr. Das wirkt sich auch auf unser Handeln aus. Je mehr wir unseren Horizont erweitern, desto größer wird unsere Welt.

2. Kala: Es gibt keine Grenzen.

Wir selbst setzen uns immer wieder Grenzen. Vom Universum aus gibt es keine Grenzen. Wir können das Unmögliche möglich machen.

3. Makia: Energie folgt der Aufmerksamkeit.

Das worauf wir uns konzentrieren und Aufmerksamkeit richten, das wächst. Wer sich zu viel vornimmt, vergisst das Wesentliche. Denke gerne an meine Worte: „Ein ‚Nein' ist ein ‚Ja' zu sich selbst."

4. Manawa: Es gibt nur jetzt.

Wir müssen wieder mehr lernen im Jetzt und Hier zu leben. Die Gegenwart ist das, was über die Zukunft entscheidet.

5. Aloha: Lieben bedeutet, glücklich sein mit ...

Glücklich sein ist eine Entscheidung für das, was man schon erreicht hat.

6. Mana: Alle Macht kommt von innen.

Wie heißt es so schön: Jeder ist seines Glückes Schmied. Übernimm Verantwortung für dein Handeln!

7. Pono: Wirksamkeit ist das Maß der Wahrheit.

Erfolg beginnt mit einem Ziel. Erst wenn das Ziel erreicht ist, hast du den Status des Erfolgs erreicht.

Feng-Shui-Exkurs

Auch Feng-Shui kann als Magie des Erfolgs wirken. Denn mit Feng-Shui kannst du Reichtum aktivieren und Glück erlangen.

„Feng-Shui" bedeutet wörtlich übersetzt Wind und Wasser und ist eine alte chinesische Lehre zur Herstellung der Harmonie zwischen Menschen und Umgebung. Häufig wird im Deutschen der Begriff „Feng-Shui" auch mit dem Wort Lebensraumgestaltung gleichgesetzt. Der Wind ist das Symbol für die Energie des Himmels und das Wasser steht für die Kraft der Erde. Feng-Shui ist eine Lehre des Taoismus und wird seit über 3.000 Jahren in der Architektur und zur Wohnraumgestaltung eingesetzt.

Der Mensch passt sich seinem Lebensumfeld an und wird von ihm geprägt. Menschen, die in einem engen Tal, umgeben von hohen Bergen leben und arbeiten, entwickeln andere Einstellungen und Verhaltensweisen als Menschen, die in einer Großstadt ihren Lebensmittelpunkt haben. Feng-Shui untersucht die Einflüsse der Natur auf die Lebensweise des Menschen und wie der Mensch auf die Natur reagiert.

Dabei spielen die fünf Elemente Erde, Wasser, Feuer, Holz und Metall eine essenzielle Rolle. Laut der Feng-Shui-Lehre müssen sie sich im Gleichgewicht befinden, um ein leichteres und besseres Leben im Einklang mit der Natur führen zu können. Alle fünf Elemente sind mit positiver und negativer Energie aufgeladen. Diese Energie nennt man Chi. Für das Chi gibt es unzählige kontextabhängige Übersetzungen, von denen Lebensenergie nur eine ist.

Die Harmonie zwischen dem Menschen und seiner Umgebung soll erreicht werden, indem das Chi frei fließen kann. Gesundheit, beruflicher Erfolg, persönliches Glück, Wohlbefinden und spirituelles

Wachstum sind die Folge. Wenn du deine Wohnung nach Feng-Shui einrichten möchtest, empfehle ich dir, dazu Fachliteratur zu studieren.

Marie Kondō Exkurs

Für die erfolgreiche Umsetzung des Feng-Shui empfehle ich dir zusätzlich, losgelöst von der eigentlichen Feng-Shui-Theorie, die Aufräumexpertin Marie Kondō.

An erster Stelle steht das Ausmisten! Oder wie Marie Kondō sagen würde: „Das wahre Leben beginnt nach dem Aufräumen." Wir alle haben Gegenstände und Sachen in unseren vier Wänden, die wir nicht brauchen und die letztendlich nur Ballast darstellen. Hier kannst du mit dem Ordnungsprinzip von Marie Kondō, der KonMari-Methode, Abhilfe schaffen. Du schaffst nicht nur Ordnung, sondern wirst in der Regel minimalistisch, was wiederum bei zukünftigen Anschaffungen dazu führt, dass du dich zweimal fragst, ob du die Sache wirklich brauchst. Ich schlag dir vor das, was du nicht in Sachgegenstände investierst und somit einsparst, für deinen Vermögensaufbau zu nutzen. Das Ausmisten in den eigenen vier Wänden wirkt befreiend und schafft nicht nur in deinen Schränken Platz für Neues, sondern auch in deinem Kopf. Gerade Ordnung und Strukturen in Regalen helfen dir, auch in deinem Kopf diese Strukturen und diese Klarheit zu kreieren.

Du hast in diesem Kapitel einiges zur Magie des Erfolgs erfahren. Falls du bisher keinerlei Berührung zur Spiritualität hattest, empfehle ich dir, es auszuprobieren. Spiritualität hilft uns, Dinge besser zu verstehen und nie den Glauben an etwas zu verlieren.

Kapitel 6

Reise zum Erfolg

„Die beste Bildung findet ein gescheiter Mensch auf Reisen."
Johann Wolfgang von Goethe

Vielleicht hast du dir auch schon einmal die Frage gestellt, ob Reisen erfolgreich macht? Die Antwort lautet: Ja. Am Beispiel vieler Prominenter wie Hape Kerkeling wird deutlich, dass nach einer langen Reise oder Auszeit häufig ein Karriereschub die Folge ist. Hape Kerkeling ging 2001 den Jakobsweg und hatte nicht zuletzt durch sein 2006 erschienenes Buch „Ich bin dann mal weg" große Erfolg gefeiert.

Stars wie Emma Watson, Lady Gaga oder Leonardo DiCaprio sehen im Reisen eine Energiequelle, gönnen sich Auszeiten, um im Berufsleben weiterzukommen. Die meisten von ihnen feiern nach ihrer Rückkehr ihr Comeback und bringen sich auf das nächsthöhere Level: gewinnen Oscars, erlangen die nächste Traumrolle oder den nächsten Grammy. Auch ich merke, dass durch jede Reise, die ich unternehme, mehr Erfolg in mein Leben kommt.

Woran liegt das? Das Reisen macht etwas mit uns. Es ist nicht direkt das Reisen an sich, das sich positiv auf den Erfolg auswirkt. Es sind vielmehr Eigenschaften, die durch das Reisen unbewusst entwickelt werden. Zehn davon stelle ich dir jetzt vor:

1. Selbstbewusstsein wird gestärkt!

Reisende müssen darauf vertrauen können, dass sie sich in einer ungewohnten Umgebung zurechtfinden. Manchmal gibt es auch Herausforderungen mit einer fremden Sprache. Je herausfordernder die Reise, desto größer muss das eigene Selbstbewusstsein sein, um diese zu meistern.

2. Reisen macht glücklich!

Ich glaube, jede*r von uns schüttet sofort Glückshormone aus, wenn er oder sie an seine oder ihre letzte Reise zurückdenkt. Das Gefühl, neue Erfahrungen gemacht zu haben, andere Kulturen kennengelernt zu haben, steigert die Zufriedenheit. Und das wirkt sich auch auf den Beruf aus!

3. Vertrauen wird gestärkt!

Durch häufiges Reisen bauen wir schnelles Vertrauen zu anderen Menschen auf. Sicherlich kennst du das auch: Du bist auf Reisen und brauchst Hilfe - sei es, um den Weg zu finden, ein Taxi zu bestellen oder die nächste Bank aufzusuchen.

Du bist auf die Unterstützung anderer angewiesen und das fördert Teamfähigkeit. Darüber hinaus lernst du auch, mit Stresssituationen umzugehen. Ein Unfall auf Reisen kann genauso schnell passieren wie zu Hause. In Extremfällen lernst du, einen kühlen Kopf zu bewahren.

4. Konflikte sind leichter zu lösen!

Wer reist, lernt die unterschiedlichsten Menschen und Kulturen kennen. Du kommst mit den verschiedensten Menschen in Kontakt und entwickelst ein großes Verständnis dafür, dass jeder Mensch seine Charakterzüge und Eigenheiten hat. Die Menschenkenntnis, die du durch das Reisen erlangst, hilft dir, Konflikte zu vermeiden, bevor diese überhaupt entstehen können. Es kommt auf Reisen immer wieder zu Situationen, in denen du auf dein Bauchgefühl hören und dich auf deine Menschenkenntnis verlassen musst. Diese Erfahrungen kannst du mit in deinen Job nehmen. Du wirst feststellen, dass du schneller im Büro entscheiden kannst, wer zu dir passt und wie Konflikte gelöst werden können.

5. Verhandlungsgeschick ist dir sicher!

Bist du auch schon einmal im Ausland sprichwörtlich „abgezockt" worden? Dann bist du nicht allein. Ein jeder von uns hat schon einmal zu viel für das Souvenir oder den Taxifahrer bezahlt. Als Reisender ist man leider immer wieder das Ziel von Abzocke. Doch das Gute ist: Wir lernen daraus. Man lernt mehr darüber, wie man geschickt verhandelt, um nicht ausgenutzt zu werden. Glaub mir, du lernst durch diese negativen Erfahrungen einiges für dein Berufsleben!

6. Der Horizont wird erweitert!

Ich stelle immer wieder fest, dass häufiges Reisen den Horizont erweitert. Durch den Austausch mit neuen

Personen im Ausland und den Kontakt zu anderen Kulturen bekommst du einen neuen Blickwinkel. Besonders auffällig ist es, wenn du dich mit Menschen austauschst, denen das Reisen verwehrt bleibt. Sie sind in ihrem Horizont häufig begrenzt.

7. Chancen werden genutzt!

Auf Reisen müssen wir häufig spontan Chancen nutzen, die sich ergeben. Wer hier zu lange bei der Planung oder Durchführung zögert, verpasst womöglich eine großartige Erfahrung. Eine gewisse Risikobereitschaft kann dir dabei helfen, auch einmal über den eigenen Schatten zu springen. Auch im beruflichen Leben ist die Entscheidungsfreude von Vorteil.

8. Komfortzonen werden verlassen!

Reisende sehen in den Veränderungen neue Möglichkeiten und freuen sich über die Abwechslung, die das Reisen mit sich bringt. Ein fremdes Land, unbekannte Menschen und häufig eine unbekannte Sprache sorgen dafür, dass wir die Komfortzone verlassen. Diese Fähigkeit hilft uns auch im Job.

9. Veränderungen werden angenommen!

Wer viel reist, stellt fest, immer wieder wird ein Plan zerschlagen. Es treten immer wieder unvorhersehbare Ereignisse ein, auf die wir in kürzester Zeit reagieren müssen. Wer viel reist, lernt mit plötzlichen Planänderungen umzugehen und steht den möglichen Konsequenzen unvoreingenommen gegenüber.

10. Persönlichkeitsentwicklung erfolgt beim Alleinreisen!

Wenn du allein verreist, machst du vermutlich persönlich die größte Entwicklung. Du bist komplett für dich und deine Situation selbst verantwortlich. Das bringt gleichzeitig viele Freiheiten mit sich. Wenn du allein unterwegs bist, kannst du jeden Tag einfach du selbst sein. Jeder Tag kann als eine neue Chance betrachtet werden und man kann sich jeden Tag neu erfinden. Sich nach niemandem richten zu müssen, tut gut und stärkt das Vertrauen in die eigenen Entscheidungen. Das Reisen ermöglicht neue Impulse für Gedankengänge. Man kann über vieles nachdenken und grübeln und erkennt vielleicht, was man wirklich will! So gesehen kann das Reisen auch als eine Art Auszeit und Findung zu sich selbst gesehen werden.

Nachdem du nun zehn Eigenschaften kennengelernt hast, die dazu führen, dass Reisen erfolgreich macht und vor allem die Persönlichkeit stärkt, gewähre ich dir einen Einblick, wie ich durch das Reisen zu der erfolgreichen Person geworden bin, die ich heute bin.

Vorab sei erwähnt, dass ich sehr viel reise - innerhalb Deutschlands für meine Moderationseinsätze, weltweit auf Kreuzfahrtschiffen als Gastkünstler und auch privat gehört das Reisen zu einer meiner Leidenschaften. Bis zur Arktis und der Antarktis bin ich bereits vorgedrungen. War bereits zweimal auf dem Jakobsweg, umrundete Australien, bereiste viele Orte von Spitzbergen bis Kappstadt und verbrachte Zeit im Schweigekloster. Du kannst dir vorstellen, dass ich einiges in den letzten 20 Jahren auf Reisen erlebt habe. Vor allen Dingen habe ich gelernt, ein tiefes Vertrauen zu entwickeln, dass es im Leben für alles eine Lösung gibt.

Du kennst bereits das Buch „The Secret - Das Geheimnis" von Rhonda Byrné. Im Kapitel „Erfolg ist Magie" habe ich es bereits angesprochen, als es um das Gesetz der Anziehung ging. Das Buch erzählt unter anderem die Geschichte einer Person, die aufgrund von unglücklichen Umständen alles verliert und doch alles hat. Sobald sie etwas braucht, kommt es zu ihr. Sie hat es durch ihre Gedanken angezogen, denn wir sind selbst Schöpfer unserer Realität.

Die Dinge, die uns im Alltag begegnen, haben wir durch die eigene Gedankenenergie angezogen. Dieses Phänomen bezeichnet man auch als Gesetz der Anziehung. Wenn du mehr über die Macht deiner Gedanken und das Gesetz der Anziehung erfahren möchtest, kann ich dir dieses Buch ans Herz legen. Du siehst an diesem Beispiel, dass du auf Reisen darauf vertrauen kannst, dass du mit deinen Gedanken deine Realität erschaffen kannst.

Ich könnte dir unzählige Beispiele aus meinem Leben liefern, die vielleicht surreal erscheinen, die ich mit Spiritualität verbinde. Von außen könnte man sagen: „Das Leben hält immer wieder Überraschungen bereit." Ich denke vielmehr, ich habe diese Dinge durch meine Denkweise und Lebenseinstellung angezogen, wie es auch im Buch „The Secret – Das Geheimnis" der Fall ist. Ein paar Anekdoten von einer meiner Reisen: Von Dezember 2019 bis Januar 2020 machte ich eine Rundreise durch Australien. Damit ging ein

Kindheitstraum in Erfüllung. Ich umrundete den Kontinent allein unterwegs mit gebuchten Flugtickets und meinem Rucksack. Meine Reise startete in Perth. Wer schon einmal in Australien war, weiß, dass es am besten ist, die Küste mit dem Auto abzufahren. Es gab einige Sehenswürdigkeiten rund um Perth, bei denen ich auf ein Auto angewiesen war. Aber ich hatte keins. Natürlich – und so bestimmte es das Universum - hatte ich eine Mitbewohnerin in meiner Unterkunft mit einem Auto, die mir anbot, über die Weihnachtstage die Küste gemeinsam abzufahren. Das war meine Rettung!

Ich bin Sukee, so hieß meine Mitbewohnerin, unendlich dankbar, dass wir gemeinsam ein paar großartige Tage verbracht haben. An meinem zweiten Stopp in Melbourne traf ich in meiner Unterkunft auf Tim, der ein paar Wochen in Melbourne verbrachte und sich erst kürzlich ein Fahrrad für die Stadterkundung über eBay zugelegt hatte. Man kann in Melbourne prima die Strandpromenade viele Kilometer entlangfahren. Das war auch mein Plan. Und wie du es dir vielleicht denken kannst, gab Tim mir sein Fahrrad, um meinen Plan in die Tat umzusetzen.

Bei meinem nächsten Halt auf Tasmanien wollte ich meinen letzten Abend am Flughafen verbringen, um morgens mit der nächsten Maschine weiter nach Canberra zu fliegen. Was ich nicht wusste: Der Flughafen wird nachts verriegelt und ist nicht zugänglich. Zum Glück war ich mit meinem Vorhaben nicht allein. Ein junger Mann namens Daniel hatte dasselbe vor. Und so saßen wir 60 Minuten vor Schließung des Flughafens in der Empfangshalle und schmiedeten Pläne, wie wir sicher die Nacht vor der

Eingangstür verbringen könnten. Wir waren mehr oder weniger allein im Flughafengebäude und überlegten, wie wir uns die Zeit vertreiben könnten. Aus lauter Langeweile sprach Daniel die Mitarbeiterin einer Autovermietung an und erzählte von unserem Vorhaben, vor der Tür zu schlafen. Sie schlug vor, wir könnten mit zu ihr nach Hause kommen und morgens mit dem Taxi zurück zum Flughafen fahren. Sie hatte in Spanien einmal eine ähnliche Situation erlebt und ebenfalls Hilfe bekommen. Nun wollte sie uns helfen.

Und sie tat es. Die Situation hatte sich wie von selbst gelöst. In Canberra saß ich abends mit Work-and-Travel-Reisenden zusammen und sie gaben mir ihre Tipps und gleichzeitig ihre MyZone-Fahrkarten, mit denen ich gratis durch Sydney reisen konnte. Es gab auf dieser Reise noch viele ähnliche Geschehnisse und alle haben eines gemeinsam: Sie geschahen nur ein einziges Mal und immer dann, wenn ich sie brauchte. Mir begegnete nie wieder eine Person mit einem Fahrrad, das ich mir hätte leihen können, in Australien, denn ich brauchte an den anderen Orten kein Fahrrad. Es gab in Sydney niemanden, der mir für Brisbane eine MyZone-Fahrkarte gegeben hat, denn es war alles für mich fußläufig erreichbar, was ich erst nach meiner Ankunft feststellte. Auch für ein Auto hätte ich in den anderen Städten keine Verwendung gefunden, daher ergaben sich nie wieder diese Optionen.

Du siehst anhand meiner Erlebnisse, dass das, was du brauchst, zu dir kommt. Glaube fest daran und halte daran fest. Für manche Dinge im Leben gibt es keine wissenschaftliche Erklärung, es ist das reine Vertrauen in dich selbst und das Leben. Um spirituell zu sein, brauchst du nicht den Glauben an Gott oder an einen Buddha. Spiritualität ist auch vereinbar mit der Evolutionstheorie. Man kann Spiritualität nicht mit Religion gleichsetzen, sondern Spiritualität ist das, was alle Religionen miteinander verbindet. Und trotzdem musst du keiner Religion angehören, um spirituell zu sein. Mir geben beispielsweise meine Erfahrungen vom Jakobsweg oder von meiner Zeit in Australien immer dann Halt, wenn ich einmal vor einer großen Herausforderung stehe und mich nach etwas sehne, und der Glaube, es wird schon kommen, wenn ich es wirklich brauche. Ich rufe es selbst herbei!

In Australien durfte ich auch spüren, dass es manchmal anders kommt, als man denkt. Vielleicht erinnerst du dich, dass 2019/2020 die Waldbrände in Australien waren. Das hatte zur Folge, dass es in einigen Städten rekordverdächtige Luftverschmutzungen gab. Es galt, spontan Entscheidungen zu treffen und zu realisieren, dass nicht alles planbar ist. Während meiner Zeit in der Hauptstadt Canberra war ich von einer einzigen Rauchwolke umgeben. Anstatt dort zwei Tage später mit dem Flugzeug, wie ursprünglich geplant, nach Sydney zu fliegen, beschloss ich kurzerhand, den Bus nach Sydney zu nehmen. Pläne werden spontan über Bord geworfen und das verändert in uns die Bereitschaft, sich den aktuellen Gegebenheiten anzupassen.

Eine besondere Erfahrung war für mich mein Aufenthalt im Schweigekloster Nütschau in Travenbrück im Sommer 2020. Ich lernte dort, meine persönliche Komfortzone zu verlassen: eine Woche schweigen! Du kannst dir sicherlich vorstellen, dass das als Moderatorin durchaus eine Herausforderung darstellt. Ich bin ein äußerst kommunikativer Mensch und gerade deshalb wollte ich diese Aufgabe annehmen. Was macht es mit einem, wenn man seine Komfortzone verlässt? Es zeigt, wer wir wirklich sind, und lässt uns erden. Es gibt Potenzial, den Gedanken freien Lauf zu lassen. Denn außer Schlafen, dem Gottesdienst und der Nahrungsaufnahme, passiert im Außen nicht viel in einem Schweigekloster, dafür im Inneren umso mehr.

Du bist ganz bei dir und stellst deine Stärken und Schwächen auf die Probe. Zu Schweigen bedeutet auch, Disziplin zu haben. Ich bin dankbar, dass ich all diese Erfahrungen machen durfte. Und was ist meine Erkenntnis? Mir hat das Schweigekloster vor allen Dingen gezeigt, dass Energie unendlich ist. Wenn wir ganz bei uns sind und uns nur auf uns konzentrieren, dann gibt es keinerlei Grenzen was den Energiehaushalt angeht. Ich konnte nach meinem Aufenthalt fünf Tage ohne Schlaf auskommen, da das Schweigekloster mir so viel Energie gegeben hat.

Wenn du die Möglichkeit hast, einmal ein Schweigekloster aufzusuchen, dann tu es! Du wirst es nicht bereuen und aus dem Austausch mit anderen weiß ich, dass du ähnliche Erfahrungen machen und Erkenntnisse gewinnen wirst wie ich. Das Kloster werde ich ein weiteres Mal aufsuchen, da es für mich eine Art Energiequelle darstellt, die ich für mich nutzen kann, wenn ich sie brauche.

Eine Reise, die eine Reise zu mir selbst war und die mich ein Stück weit zu dem gemacht hat, was ich heute bin, ist meine erste Pilgerreise:

Am 15. Mai 2016 verabschiedete ich mich von meiner Familie und ging auf meine erste große Pilgerreise. 750 Kilometer von Saint-Jean-Pied-de-Port nach Santiago de Compostela auf dem sogenannten Camino Francés. Ganz allein. Nur ich und mein Rucksack. Was bewegt einen, eine Pilgerreise zu unternehmen? Es gibt unterschiedliche Beweggründe, die Menschen aus aller Welt auf diese Reise bringen. Die einen möchten eine religiöse Pilgerreise unternehmen, andere wiederum sich selbst besser kennenlernen und manch einer möchte den Verlust eines geliebten Menschen verarbeiten. Wieder andere machen sich auf den Weg, um die körperliche Herausforderung, wie in meinem Fall 800 Kilometer durch Spanien zu wandern, anzunehmen.

Zusammengefasst lässt sich sagen: So vielfältig wie die Wege sind, die nach Santiago de Compostela führen, so vielfältig sind auch die Gründe für diese Reise.

Es wird gesagt, es ist eine Reise zu sich selbst!

Den Entschluss, den Jakobsweg anzutreten, fasste ich schon Monate zuvor, nachdem ich 2015 das Buch von Hape Kerkeling „Ich bin dann mal weg" empfohlen bekommen hatte. Ich kaufte mir das Hörbuch und war von der ersten bis zur letzten Minute gefesselt. Hape Kerkeling hat so eine wunderbare Art, die Faszination des Jakobsweges darzustellen. Es stand fest, ich will wissen, was der Weg mit mir macht und ob es wirklich so traumhaft schön ist, wie ich es mir in meiner Fantasie ausgemalt hatte. Als ich Weihnachten 2015 bei meiner Familie war und von meiner Idee berichtete, den Jakobsweg 2016 zu gehen berichtete, wurde ich zunächst für verrückt erklärt. Und irgendwie ist es für mich verständlich. Jemand, der die Arbeit liebt und für die Arbeit lebt, möchte sich auf einmal aus allem rausziehen und sich auf eine Pilgerreise begeben? Zugegeben, das klingt schon ein wenig verrückt.

Natürlich braucht man für so eine Pilgerreise eine Vorbereitung, eine Ausrüstung: einen Rucksack, Pilgerpass, eine Pilgermuschel (das Erkennungszeichen eines Pilgers) etc. und vor allem Zeit. Das kann dazu führen, dass man die Verwirklichung seiner Träume immer weiter verschiebt, bis es vielleicht nicht mehr möglich ist. Vielleicht ist der Wunsch nicht groß genug und der Reiz im Leben, einmal etwas völlig Neues, Unbekanntes auszuprobieren, fehlt. Falls du auch mit dem Gedanken spielst, einmal den Jakobsweg zu gehen und es wirklich nur die Zeit ist, die dich daran hindert, dann packe deine Sachen und begib dich auf den Weg. Du wirst es nicht bereuen. Und was sind schon drei bis vier Wochen im Vergleich zu einem Leben? Schiebe Dinge im Leben nicht auf, sondern folge stets deinem Herzen. Wer weiß, ob du zu einem späteren Zeitpunkt noch die Möglichkeiten hast, diese Reise anzutreten. Wer weiß, ob dieser Weg nicht so viel in dir auslöst und dazu führt, dass du ein erfülltes, glücklicheres Leben führst.

Zurück zu meinem persönlichen Weg. Es gab für mich nie die Überlegung, diesen Weg in zehn, 20 oder gar 30 Jahren zu gehen. Ich wollte ihn am liebsten schon morgen gehen. Doch mir fehlte aufgrund von Arbeitsverträgen die Zeit. Für den Camino Francés solltest du vier Wochen einplanen. Ich flog also am 15. Mai 2016 mit meinem neun Kilo schweren Wanderrucksack von Düsseldorf (Weeze) nach Biarritz, von wo aus ich mit einem Shuttle-Service nach Saint-Jean-Pied-de-Port zum Startpunkt des Jakobsweges gebracht wurde. Am 16. Mai, Pfingstmontag, der Feiertag, der an die Herkunft des Heiligen Geistes zu den Jüngern Jesu erinnern soll, begann meine Reise.

Die erste große Herausforderung auf dem Camino Francés ist der Weg über die Pyrenäen. So manch einer kommt hier aufgrund der circa 1.000 Höhenmeter, die es zu überwinden gilt, an seine Grenzen. Meine Herausforderung bestand eher darin, die Wegweiser richtig zu interpretieren und so lief ich die ersten drei Kilometer im Kreis, bevor ich überhaupt ansatzweise sehen konnte, welche Berge ich erklimmen werde. Als Hinweis: Die meist gelben Muscheln und Pfeile weisen dir den Weg zur Kathedrale nach Santiago de Compostela. Ich nahm es mit Humor, habe einen kühlen Kopf bewahrt und sicherlich mein Vertrauen gestärkt, dass ich den richtigen Weg schon noch finde.

Von Anfang an war für mich klar, dass ich diesen Weg für mich gehe. Das bedeutet auch, dass ich das Tempo und die Distanz selbst bestimmte. Da ich lediglich 3,5 statt vier Wochen zur Verfügung hatte, spürte ich natürlich schon einen gewissen Druck. Dennoch habe ich mich nicht an die Vorgaben meines Pilgerführers gehalten, der besagt, dass ich 32 Etappen mit jeweils circa 20 bis 30 Kilometer pro Tag absolviere, sondern habe mir meine eigene Distanz definiert: Jeden Tag 50 Kilometer. Und wenn ich nach ein paar Tagen die lange Distanz nicht mehr schaffen würde, könnte ich immer noch einen Gang zurückschalten und käme trotzdem vor 3,5 Wochen am Ziel in der Kathedrale an. Dieses Vorgehen wurde im Nachhinein oft kritisiert mit der Begründung, der Weg müsse langsamer, damit sind kürzere Etappen gemeint, gegangen werden.

Ich habe dazu folgende Meinung: Jede*r Pilger*in geht diesen Weg für sich, nicht für andere. Wenn ich etwas beweisen möchte, dann nur mir. Jede*r entscheidet, ob er oder sie den Weg am Stück, auf mehrere Jahre aufgeteilt, fünf Kilometer oder beispielsweise 50 Kilometer am Tag gehen möchte. Man kann diesen Weg allein, als Paar oder in einer Gruppe gehen. Jeder trägt die Verantwortung selbst. Wenn jeder sich nur mit sich selbst und dem Weg beschäftigen würde, gäbe es auch keinerlei Kritik. Die Frage ist doch, was der Weg mit dir macht. Und nicht, wie du ihn gelaufen bist. Wer in zehn Stunden 50 Kilometer geht, kann meines Erachtens ähnliche Erfahrungen machen wie jemand, der in sechs Stunden 30 Kilometer geht und der Empfehlung des Pilgerführers folgt.

Wer mich kennt, weiß, dass ich ein ehrgeiziger Mensch bin und auch in Momenten des Loslassens gerne meinen Ehrgeiz zeige. Natürlich kriegt man für so etwas auch die Quittung im Leben. Am 3. Tag, nachdem ich schon 150 Kilometer in den Beinen hatte, nistete sich direkt unter meinem rechten Fußballen eine dicke, fette Blase ein. Grundsätzlich weiß ich mit Blasen umzugehen, doch in diesem Fall handelte ich definitiv falsch. Ich klebte ein Compeed-Pflaster auf die Blase, um sie zu schützen. Dieses Pflaster verschmutzte und verschob sich ein wenig im Laufe des Tages. Am darauffolgenden Abend meinte ich es gut mit meinen Füßen, löste das Pflaster und riss mir schön die ganze Haut vom Fußballen ab. Von nun an tat mir jeder Schritt mit meinem rechten Fuß so weh, dass ich mir tagsüber beim Pilgern schon einen neuen Geh-Stil, die seitliche Version, überlegte – eine Art Schonhaltung. Abends in der Herberge fiel ich direkt ins Bett und versuchte auch nicht wieder aufzustehen. Und dann geschah etwas Besonderes. Genau am Abend des Unfalls schlief eine Krankenschwester mit mir auf dem Zimmer. Und genau einen Tag später, an einem anderen Ort auf dem Camino, war wieder eine Krankenschwester mit mir im Zimmer in der Herberge. Beide kamen mir wie gerufen, denn ein bisschen hilflos kam ich mir schon vor. Sie desinfizierten die Wunde und halfen mir, dass trotz der körperlichen Belastung die Wunde schnell heilte. An den Tagen danach begegnete mir nie wieder eine Krankenschwester. Ich brauchte diese auch nicht mehr, denn so langsam bildete sich eine neue Hautschicht unter meinem Fuß.

Eine prominente Weisheit über den Jakobsweg lautet:

Der Weg gibt dir nicht das, was du willst, sondern das, was du brauchst!

Wir stehen im Leben immer wieder vor Herausforderungen und wissen manchmal nicht, wie es weitergehen soll. Erfahrungen dieser Art und meine

Offenheit für Spirituelles geben mir in Situationen wie diesen Halt und Vertrauen, dass mir immer Hilfe zuteilwird, wenn ich sie brauche.

Zurück zum Camino. Ich habe nun häufiger das Wort Herberge verwendet und werde bei meinen Erzählungen immer wieder gefragt, ob man die Übernachtungen im Voraus bucht. Ja, das kann man tatsächlich machen. Ich habe mich bewusst dagegen entschieden und lediglich die erste Nacht vor Beginn meiner Reise gebucht. Alles Weitere hat sich auf dem Weg ergeben. Ich begegnete Menschen, mit denen ich gemeinsam eine Herberge am Abend aufsuchte, ich klopfte an Türen, auf denen Schilder klebten, auf denen stand „ausgebucht", und bekam dennoch immer ein Bett.

In meinem Inneren war immer ein tiefes Vertrauen, dass ich nicht draußen auf der Straße schlafen muss. Irgendjemand wird mich schon aufnehmen. So kam es auch. Es fand sich immer eine Lösung. Einmal, als kein Bett mehr übrig war, konnte ich im Restaurant auf einer Sonnenliege schlafen, die der Herbergsvater aus dem Innenhof der Herberge holte. Man muss sich auf dem Weg davon lösen, alles planen zu wollen. Ich habe den Weg entscheiden lassen, zu welcher Herberge er mich am Abend führt. Natürlich kannst du deine Schlafgelegenheit auch über das Internet reservieren, du kannst dir sogar dein Gepäck von A nach B bringen lassen. Vielleicht fühlst du dich auch damit wohler. Für mich war dies keine Option. Etwas zu planen, war für mich zu nah an meinem Alltag, mein Leben in Deutschland geknüpft. Ich wollte einmal nichts buchen oder festlegen, sondern spontan sein. Das ist das

Schöne auf dem Weg. Du siehst die Schönheit der Natur und kannst einfach mitten auf dem Weg sagen, ich genieße dies jetzt für ein paar Minuten, für ein paar Stunden, vielleicht sogar für einen Tag. Du bestimmst das Tempo! Es gibt niemanden von außen, der dich lenkt und dich in Strukturen presst. Ich fand diese Erfahrung großartig. Großartig fand ich auch die Menschen, die mir begegneten. Jeder mit seiner ganz persönlichen Geschichte. Vom Schicksalsschlag über Selbstfindung bis hin zur Eheschließung war alles dabei.

Ich glaube, jeder Mensch, der mir auf diesem Weg begegnete, kam in mein Leben, um mir etwas mitzugeben. Es begegnete mir zum Beispiel mitten auf dem Weg ein Arzt aus Brasilien, mit dem ich mich über meinen Sport unterhielt. Er hatte sich mit dem Einfluss von Sport auf das weibliche Geschlecht beschäftigt und wollte mir ein wenig die Augen öffnen, dass ein Marathon oder beispielsweise jeden Tag 50 Kilometer auf dem Camino hinter sich zu lassen nicht gesund für den weiblichen Körper sei. Dies lasse sich schon durch die Evolution und das Bild von Jäger (Mann) und Sammler (Frau) begründen. Unsere Begegnung war für mich Inspiration und ein typisches Beispiel dafür, dass die Menschen, denen wir auf unseren Reisen begegnen, etwas in uns wachrütteln und verändern. Seitdem gebe ich noch mehr Acht auf meinen Körper und beschäftige mich mit dem weiblichen Hormonhaushalt.

Ein paar Tage später pilgerte ich kilometerlang mit einem jungen Mann aus der Türkei. Wir unterhielten uns über unsere Kulturen und unsere unterschiedlichen

Weltbilder. Ich war nach unseren tiefgründigen Gesprächen bereit Situationen aus anderen Blickwinkeln zu beurteilen.

Auch Freundschaften entstehen auf dem Camino. Am ersten Tag begegnete mir Tim aus Irland im Örtchen Zubiri. Tim teilte sich seine Pilgerreise in Abschnitte ein und startete jedes Jahr an dem Ort, an dem er zuletzt die Reise aufgehört hatte. Mittlerweile ist auch er in der Kathedrale von Santiago angekommen. Er taufte mich damals die „Queen of the Camino", da er es nicht fassen konnte, dass ich täglich 50 Kilometer pilgerte. Zu Tim habe ich übrigens heute noch Kontakt - wir treffen uns immer mal wieder in Hamburg oder Irland. Dank der sozialen Netzwerke hören wir fast wöchentlich voneinander und tauschen uns über Land und Leute aus und schwelgen in alten Camino-Erinnerungen.

Natürlich bist du auf dem Jakobsweg auch oft allein und mit dir selbst beschäftigt. Ich habe sogar manchmal Selbstgespräche geführt. Mir hat das geholfen, mich und meine Themen zu reflektieren. Durch meine täglichen Etappen von 50 Kilometern war ich am Vormittag immer mit anderen Pilgern unterwegs und hatte am Nachmittag den Weg für mich allein, denn die meisten Pilger erreichen ihre Herberge zwischen 14 und 16 Uhr. Ich war meist erst um 19 Uhr oder später an meinem persönlichen Ziel angekommen. Somit pilgerte ich oft allein in der Natur. Diese Ruhe und Stille fühlte sich wie ein Geschenk Gottes an.

Neben den Begegnungen der besonderen Art und der Hilfe, die ich immer wieder erfuhr, gab es auch magische Momente, die ich mir bis heute nicht erklären kann. So wie diese Situation: Ein Pärchen mit einer Gitarre lief etwa 200 Meter singend vor mir. Ich konnte aus der Ferne nicht hören, was sie für Songs spielten. Jedenfalls stellte ich mir in meiner Fantasie vor, wie wir zu dritt den Song „Stand by me" von Ben E. King singen. Langsam näherte ich mich dem Paar und traute meinen Ohren nicht. Sie sangen tatsächlich „Stand by me". War das jetzt Telepathie? Ich weiß es nicht. Jedenfalls haben wir uns nicht abgesprochen. Ich war so gefangen in dieser Situation, dass ich gar nicht auf die Idee kam, mich mit den beiden auszutauschen oder vielleicht gemeinsam zu singen. Es ist für mich die Magie des Jakobsweges, die jede*r Pilger*in für sich auf ihre oder seine Art und Weise erfährt.

Jährlich kommen circa 300.000 Menschen in der Kathedrale in Santiago de Compostela an. Sie kommen aus allen Richtungen und verschiedenen Beweggründen. Der Camino gibt jedem Pilger das, was er braucht. Magische Momente lassen sich nicht erzwingen und sicherlich auch nicht wiederholen. Sie geschehen einfach und bleiben in unserer Erinnerung lebendig.

Ich bin aus purer Neugier diesen Weg gegangen, offen für das, was kommt und was er mit mir macht.

Es gibt drei wesentliche Dinge, die mir der Weg gezeigt hat:

Reflektiere! Wie oft handle ich schnell aus dem Affekt heraus und weise jemand die Schuld zu. Versetze dich öfter in die Lage deines Gegenübers. Aus anderen Blickwinkeln fällt es leichter, Verständnis zu entwickeln.

Das Glück liegt in der Natur. Um Glück im tiefsten Inneren zu spüren, brauchst du keine materiellen Güter. Ich habe bewusst keinen Laptop mit auf meine Pilgerreise genommen und drei Wochen lang keine sozialen Netzwerke wie Facebook, LinkedIn oder XING bedient. Das Handy war nur für den Notfall an meiner Seite. Ich lebte aus einem Rucksack, der ein paar Kleidungsstücke beinhaltete, einen Kulturbeutel, einen Schlafsack und ein wenig Bargeld.

Übrigens haben sich meine Prioritäten auf dem Jakobsweg komplett verschoben. Während ich zu Hause vielleicht eine schnelle Internetverbindung als Grundbedürfnis betrachte, so ist es auf dem Weg das größte Geschenk, am Abend unter der Dusche das Wasser auf seiner Haut zu spüren und danach in Ruhe seine Füße zu massieren und mit Hirschtalg-Creme zu pflegen. Du erfreust dich auf dem Camino an den kleinen Dingen des Lebens und das ist wunderbar! Minimalismus bedeutet nicht, nichts zu haben, sondern keinen Ballast zu haben. Ich fühle mich heute glücklicher, weniger in meinen Schränken zu haben, und empfinde zu viele Gegenstände tatsächlich als Belastung.

Und mein größtes Learning: **Take it easy!** Sieh alles ein wenig gelassener! Wir machen schnell mal aus einer Mücke einen Elefanten. Oder halten allzu lange an negativen Gedanken fest. Doch für alles gibt es eine Lösung. Oder um es mit Oscar Wilde zu sagen: „Am Ende wird alles gut. Und wenn es nicht gut wird, ist es noch nicht das Ende."

Übrigens lebt der Camino in einem weiter und die meisten Pilger belassen es nicht bei einer Reise. Und so machte auch ich mich schon zwölf Monate nach meinem ersten Camino erneut auf eine Pilgerreise. Dieses Mal auf insgesamt 300 Kilometer von Porto (Portugal) nach Santiago de Compostela. Was mich angeht, so hat mich das Jakobsweg-Fieber gepackt und ich werde noch weitere Pilgerreisen unternehmen. Auch wenn der Weg mir mehr über mich gezeigt hat, so habe ich mich nicht grundsätzlich verändert oder mein Leben umgekrempelt. Ich hatte nie das Bedürfnis danach. Und dennoch fühlte ich mich nach der Rückkehr vom ersten Camino wie erneuert, als hätte jemand einmal die Reset-Taste gedrückt.

Aus Erzählungen weiß ich, dass es auch anders laufen kann. Erst kürzlich traf ich in den sozialen Netzwerken auf eine Frau, die mit mir gemeinsam in einem Doppelzimmer in einer Kirche auf meinem ersten Camino 2016 nächtigte. Damals nahm sie sich eine Auszeit, um danach ein Kind mit ihrem Partner zu bekommen. Sie schwärmte von ihrer Partnerschaft und von ihrem Arbeitgeber, der ihr zehn Wochen für den Jakobsweg freigab. Als ich sie nun durch Zufall vier Jahre später im Internet wiedertraf, wollte ich natürlich wissen, was der Weg mit ihr gemacht hatte. Direkt nach ihrer Reise trennte sie sich von ihrem Partner und kündigte den Job. Und sie fühlt sich auch vier Jahre später gut damit. Der Camino rüttelte in ihr etwas wach und gab ihr das, was sie brauchte:

Erkenntnis.

Ich möchte dir mit meinen Erzählungen zu meinen Reisen deutlich machen, dass die Offenheit, das tiefste Vertrauen in mir, einen Mehrwert sowohl im Berufs- als auch im Privatleben darstellen. Das Reisen hat mich zu dem gemacht, die ich bin. Wir können auf Reisen viel über uns selbst erfahren, schöpfen Energie und lernen fürs Leben. Wenn du die Möglichkeit hast, reise! Unter „Links und Empfehlungen" am Ende dieses Buches findest du nützliche Tipps. Mache ähnliche Erfahrungen und lerne mit jeder Reise mehr über dich und dein Leben und andere Kulturen. Es ist wie ein Schlüssel zum Erfolg!

Ilka auf dem Jakobsweg 2016 in Saint-Jean-Pied-de-Port

Ilka auf dem Jakobsweg 2016 am Alto del Perdón

Ilka auf dem Jakobsweg 2016 in Burgos

Ilka auf dem Jakobsweg 2016

Kapitel 7

Erfolgsgeschichten

Nachdem ich dir in Kapitel 3 bereits einige Erfolgsgeschichten erzählt habe, stelle ich in diesem Kapitel Persönlichkeiten aus den Medien, Politik/Wirtschaft und Sport vorstellen, die ich alle zum Thema Erfolg interviewt habe und die dich inspirieren sollen, deinen eigenen Weg zu gehen!

Otto Waalkes – Deutscher Komiker

Was bedeutet für dich Erfolg?

Erfolg zeigt sich bei mir im Beifall meines Publikums. Und ich werte diesen Applaus als Bestätigung und als Aufforderung, so weiterzumachen.

Was war dein Schlüssel zum Erfolg? Wie hast du deine Ziele erreicht?

Glück und gutes Timing: Zur richtigen Zeit am richtigen Ort zu sein, kann nicht schaden; ein bisschen Talent auch nicht.

Auf was hättest du gerne auf deinem Weg zum Erfolg verzichtet?

Da fällt mir nichts ein. Mein Weg war ziemlich kurz und nicht anstrengend.

Was sind deine Erfolgstipps?

Auf sich selbst hören und nicht auf andere und ihre noch so gut gemeinten Ratschläge.

Otto Waalkes

Otto Gerhard Waalkes ist ein deutscher Komiker, Comiczeichner, Schauspieler, Musiker, Regisseur und Synchronsprecher. Der gebürtige Ostfriese gilt als einer der erfolgreichsten Vertreter des deutschen Humors.

Elisabeth Hübert – Musicaldarstellerin

Foto: Cina Uicker

Was bedeutet für dich Erfolg?

Für mich bedeutet Erfolg, dass du in dem Feld, indem du dich bewegst, sei es nun professionell oder sei es als Hobby, dir ein Ziel setzt, sei es auch gar nicht konkret. Das Ziel ist, zu wachsen, immer besser zu werden, immer weiter ins Detail zu gehen. Immer mehr Level aufsteigen. Erfolg ist für mich jeder Schritt, den ich nach vorne mache. Auch von außen: Wenn ich für Jobs gebucht werde, die vielleicht anspruchsvoller sind als die bisherigen. Das Endziel ist nicht, berühmt zu werden. Sondern jeder Schritt in Richtung Erfolg. Das bedeutet: Immer weiterwachsen, dranbleiben, besser werden. Das ist für mich Erfolg.

Was war dein Schlüssel zum Erfolg? Wie hast du deine Ziele erreicht?

Ich habe mir nicht konkrete Ziele gesetzt. Mein Ziel war es immer, so gut zu sein, wie ich in dem Moment sein konnte. Das bedeutet immer an mir arbeiten, um besser zu werden. Eine wichtige Voraussetzung ist, dass man zuerst seine Leidenschaft findet - das, wofür man brennt. Denn ich denke, es ist viel schwieriger, erfolgreich zu sein, wenn man etwas tut, für das man nicht so richtig das Herz hat. Wenn man etwas findet, was einem viel Spaß macht, wofür man ein Talent hat, dann ist es einfacher, erfolgreich zu sein, denn man muss einfach wahnsinnig viel Arbeit investieren. Also, mein Schlüssel zum Erfolg ist: Finde das, wofür du brennst, finde das, was dich bewegt und was du liebst, und investiere deine komplette Energie. Dann wird man auch erfolgreich! Ganz sicher!

Auf was hättest du gerne auf deinem Weg zum Erfolg verzichtet?

Verzichtet hätte ich gerne auf die ganzen Unsicherheiten, die ich durchgemacht habe - die wir sicherlich alle durchmachen müssen. Die große Kritik, die ich an mir selbst übe. Allerdings weiß ich nicht, ob ich ohne die eigene Kritik so erfolgreich geworden wäre. Vielleicht wäre ich zu entspannt gewesen. Man hinterfragt sich immer wieder selbst und das ist wahnsinnig anstrengend. Ich würde sagen, der mentale Aspekt ist anstrengender als der Aspekt des Ausübens.

Was sind deine Erfolgstipps?

Mein erster Tipp ist: etwas zu finden, was man liebt! Denn in etwas wirklich gut zu sein, bedeutet für mich, erfolgreich zu sein und besser zu sein als viele andere. Dafür muss man sehr viel Arbeit und sehr viel Zeit investieren und auch Rückschläge einstecken. In der Zeit, wo es einmal keinen Spaß macht, ist es wichtig, nicht den Faden zu verlieren. Man muss in diesen Phasen dranbleiben! Mein zweiter Tipp: nie zu vergessen, dass man es für sich selbst macht. Man macht es nicht für jemanden, der einen bewertet. Man sollte bei sich bleiben. Feedback ist immer gut, aber am Ende des Tages ist man für sich selbst verantwortlich!

Elisabeth Hübert

Elisabeth Hübert spielte 2007 MAMMA MIA! in Hamburg und Berlin. 2008 überzeugte sie die Jury bei der Sat.1-Castingshow „Ich Tarzan, du Jane" und bekam die Rolle der Jane im Disney-Musical Tarzan. Danach spielte sie unter anderem in „Sunset Boulevard", „Der Besuch der alten Dame" und war als Annette Ackermann im Musical „Das Wunder von Bern" zu sehen. 2016 übernahm Elisabeth die Rolle der Mary Poppins sowohl in Stuttgart als auch anschließend in Hamburg. Aktuell ist sie im Theater in Bonn als Roxie Hart in Chicago zu sehen.

Max Longrée – Ironman Champion, Health-Performance-Mental-Coach

Foto: Inger Diederich

Was bedeutet für dich Erfolg?

Der Weg zum Erfolg ist höchst individuell. Aber am Ende des Tages ist der ultimative Erfolg für jeden das Gleiche – glücklich sein. Der Weg definiert deine persönliche Erfolgsstory.

Was war dein Schlüssel zum Erfolg? Wie hast du deine Ziele erreicht?

Der größte sportliche Erfolg sind meine Siege bei Ironman Races und wie mich mein „erstes Leben" als Profisportler geprägt und gelehrt hat. Der größte Erfolg meines Lebens ist die Persönlichkeit, die ich bin und immer weiterentwickle. Der Glaube an mich zu wissen, dass ich für alles in meinem Leben selbst verantwortlich bin und mir nichts geschenkt wird, machen es mir möglich, „der Hauptdarsteller in meiner glücklichen Erfolgsstory" zu sein.

Auf was hättest du gerne auf deinem Weg zum Erfolg verzichtet?

Nichts.

Was sind deine Erfolgstipps?

- Bleibe dir immer treu und nimm niemals Verhaltensweisen anderer an, die dich stören.
- Behandle andere wie du selbst behandelt werden möchtest.
- Nimm nichts persönlich.
- Sei eigenverantwortlich.
- Nichts ist gegeben.
- Be different: Sei kein Arschloch, davon gibt es schon genug.

Max Longrée

Maximilian Longrée ist ein ehemaliger deutscher Triathlet und Ironman-Sieger (2008), der heute als Coach tätig ist. Als 13-Jähriger startete er seinen ersten Triathlon. 2006 belegte er beim Ironman Hawaii den 20. Rang in der Amateurklasse. 2008 gewann er auf der Langdistanz den Ironman Louisville (3,86 Kilometer Schwimmen, 180,2 Kilometer Radfahren und 42,195 Kilometer Laufen. Heute ist Max als Sport-Coach aktiv. Seine größten Erfolge: Ironman-Sieger,

Sieger Almere Classics, Ironman-Amateur-Weltmeister Kona, Hawaii, dreimal Top-20 Ironman World Championships Hawaii, dritter Platz Ironman Austria, Dritter Platz Ironman Coeur d´Alene, dritter Platz Ironman Louisville, drei Ironman in drei Wochen.

Gitta Connemann – Mitglied des Deutschen Bundestages, Bundesvorsitzende der Mittelstands- und Wirtschaftsunion (MIT)

Was bedeutet für dich Erfolg?

Erfolg bedeutet für mich Freiheit, aber auch Verantwortung. Die Freiheit, Ziele zu formulieren und zu gestalten. Die Verantwortung, Entscheidungen zu treffen und Risiken zu schultern. Auf diesem Fundament lässt sich nach den Sternen greifen.

Was war dein Schlüssel zum Erfolg? Wie hast du deine Ziele erreicht?

Eine ehrliche Selbsteinschätzung ist das A und O. Was macht mich aus? Was sind meine Stärken, was meine Schwächen? Wie kann ich daraus ein Ganzes machen? Die Symbiose daraus war und ist ein Leitmotiv, das mein Handeln bestimmt: Sie kümmert sich. Damit identifiziere ich mich. Und man sagt mir nach, dass ich dafür die erforderliche Beharrlichkeit, Geradlinigkeit, Authentizität mitbringe. Aber das müssen am Ende andere beurteilen.

Auf was hättest du gerne auf deinem Weg zum Erfolg verzichtet?

Hätte, hätte, Fahrradkette. Alles, was passiert ist, wird seinen Sinn gehabt haben, auch wenn ich diesen vielleicht nicht immer sofort erkannt habe.

Was sind deine Erfolgstipps?

Seid mutig. Seid offen für Neues. Seid bereit, Verantwortung zu übernehmen. Akzeptiert euch, wie ihr seid. Seid achtsam mit euch. Habt den Mut, nicht nach den Vorstellungen anderer zu leben. Rechtfertigt euch nicht. Versucht nicht, perfekt zu sein. Hört auf, von jedem geliebt werden zu wollen. Tut einfach das Beste, was ihr könnt. Und vertraut. Besser als Astrid Lindgren könnte ich es nicht sagen: „Lasst euch nicht unterkriegen. Seid frech und wild und wunderbar."

Gitta Connemann

Gitta Connemann wurde am 10. Mai 1964 in Leer geboren und wuchs auf dem bäuerlichen Familienbetrieb ihrer Eltern auf. 1990 schloss sie mit dem Ersten Juristischen Staatsexamen ab. Seit 1996 ist Gitta Connemann für die CDU in der Politik aktiv und gehört seit 2001 als direkt gewählte Abgeordnete dem Kreistag in Leer in Ostfriesland an. Im Oktober 2002 wurde sie direkt für den Wahlkreis Unterems in den Deutschen Bundestag gewählt.

„Ich mache Politik, weil ich mitgestalten und Einfluss nehmen will. Es ist kein Beruf wie jeder andere, sondern eine Berufung." Von 2005 bis 2013 war sie Mitglied in den Bundestagsausschüssen für Arbeit und Soziales sowie für Kultur und Medien. In der Zeit von 2003 bis 2007 leitete sie als Vorsitzende die Enquete-kommission „Kultur in Deutschland". Gitta Connemann ist Mitglied im Ausschuss für Bildung und Forschung.

Von 2014 bis 2015 hatte sie den Vorsitz des Ausschusses für Ernährung und Landwirtschaft inne. Von 2015 bis 2021 war Gitta Connemann stellvertretende Fraktionsvorsitzende der CDU/CSU im Deutschen Bundestag. Seit dem 11. Dezember 2021 ist sie Vorsitzende der Mittelstands- und Wirtschaftsunion und damit des größten politischen Wirtschaftsverbandes Deutschlands. Darüber hinaus ist sie Mitglied im Fraktionsvorstand der CDU/CSU-Bundestagsfraktion, dem Bundesvorstand der CDU, sowie dem Landesvorstand der CDU-Niedersachsen.

Karim B. Maataoui – CEO der GRMN Tech

Was bedeutet für dich Erfolg?

Ideen verwirklicht zu haben, die ihren Ursprung in meinem Kopf hatten und Menschen bei Themen helfen, die keiner vorher zufriedenstellend für sie lösen konnte.

Was war dein Schlüssel zum Erfolg? Wie hast du deine Ziele erreicht?

Reverse Engineering und many model thinking mit einer resilienten lean road map führen früher oder später immer zum Erfolg. Manchmal braucht man halt einen langen Atem. Es ist egal, ob du eine Boygroup gründest und Herzen gewinnst oder die digitalen Probleme für Menschen löst.

Auf was hättest du gerne auf deinem Weg zum Erfolg verzichtet?

Auf gar nichts, da ich heute die Summe aller Misserfolge und auch Erfolge bin. Ich bin heute sehr glücklich mit mir.

Was sind deine Erfolgstipps?

Wenn du eine Vision hast, die dir und anderen dabei hilft, eine Herausforderung zu lösen, dann lass dich von niemandem aufhalten und strebe mit allem, was du hast, danach, dieses Ziel zu erreichen. Du kannst nicht scheitern, wenn du alles gibst, und die Reise, auf die du dich begeben wirst, wird dich erfüllen.

Karim B. Maataoui

Karim B. Maataoui wurde als Bandleader der erfolgreichen deutschen Boyband Touché bekannt, die zwischen 1996 und 2000 Bekanntheit erlangte und weltweit über zehn Millionen Tonträger verkaufte. Die Band feierte Nummer-1-Hits in mehr als 20 Ländern, darunter Russland, China, Belgien etc. Karim war auch Gründer und CEO von GERMAN TECH, das mit seiner kostenlosen Smart-WIFI-Technologie-Innovation in Europa für Furore sorgte und 2017 das erfolgreichste selbst finanzierte und bootstrapped Start-up Europas war. Vor der Gründung von GERMAN TECH war Maataoui als Head of Social Strategy & Digital Intelligence bei Maserati für das Storytelling und die digitale Transformation von Maserati verantwortlich. Heute ist er einer der anerkanntesten Referenten für Digital Leadership und gibt seit mehr als zwölf Jahren sein Fachwissen über digitale Kommunikation und Marketing weiter.

Kathy Ursinus - Expertin für kreatives Content-Design

Foto: Luca Fröhlingsdorf

Was bedeutet für dich Erfolg?

Erfolg ist für mich die Freiheit, das zu tun, was ich möchte, und ein Gefühl der Zufriedenheit. Meinen Erfolg messe ich nicht am Geld, sondern an meinem Lächeln im Gesicht.

Was war der Schlüssel zu mehr Erfolg? Wie hast du deine Ziele erreicht?

Den Jackpot habe ich geknackt, als ich meine Leidenschaft gefunden habe und mich für den Weg in die Selbstständigkeit entschieden habe. Erfüllung im Job ist das A und O. Mit viel Ausdauer, Disziplin und Leichtigkeit habe ich meine Ziele erreicht.

Auf was hättest du gerne auf deinem Weg zum Erfolg verzichtet?

Tatsächlich auf nichts. Wichtig ist, nicht zu oft in die Vergangenheit zurückzublicken. Alles war ein Learning und alles ist für irgendwas gut. Auch Misserfolge und Enttäuschungen sind wichtig, um sich weiterzuentwickeln und daraus Stärke zu gewinnen.

Was sind deine Erfolgstipps?

Bleib dran und gib nicht zu schnell auf. Erfolg passiert, wenn es auch mal unbequem wird. Lass dir unbedingt

Zeit. Ideen müssen sich auch erst entwickeln. Learning by doing ist super wichtig. Teste immer wieder Möglichkeiten aus und lasse nichts unversucht.

Sei diszipliniert und hab Durchhaltevermögen. Nicht alles geht von jetzt auf gleich. Behalte dir aber auch Lockerheit bei. Manchmal braucht es ein bisschen Abstand zur Arbeit, um wieder mit neuer Energie richtig durchzustarten.

Kathy Ursinus

Von der Werbeagentur bis zum Investmentbanking – fast überall hat Kathy Ursinus Station gemacht. Da es wenig kreativen Freiraum gab und der Wunsch, selbstbestimmt zu arbeiten immer größer wurde, musste eine Veränderung her. Nach zwei Wochen Fuerteventura flog sie ohne Plan und auf unbestimmte Zeit wieder zurück auf die Insel. Spoiler: Sie hat es nie bereut! Denn die Auswanderung war auch ihr Startschuss in die Selbstständigkeit. Ganz nach dem Motto: „Einfach mal machen, könnte ja gut werden."

Kathy Ursinus entdeckte erneut ihre Leidenschaft für Visuelles, Struktur und Kreativität. Der richtige Durchbruch kam schließlich mit der Entscheidung, sich auf „Content-Design" zu fokussieren. Kathy Ursinus hat damit den Jackpot geknackt und mit ihrer intrinsischen Motivation und Leidenschaft ein erfolgreiches Online-Business aufgebaut. Als digitale Pionierin mit jahrelanger Erfahrung im Bereich Content-Design und offizielle Canva-Expertin gibt sie ihren Kund*innen die optimale Starthilfe für Designs mit Wow-Effekt.

Christian Keller – Schwimmweltmeister, viermal Olympia-Teilnehmer, Direktor und Niederlassungsleiter der Privatbank ODDO BHF AG Essen

Was bedeutet für dich Erfolg?

Erfolg bedeutet für mich, Belohnung der sehr harten, langfristigen und auch mit vielen Entbehrungen verbundenen Arbeit. Es bedeutet, dass man auf dem Gipfel angekommen ist, ganz oben auf dem Treppchen steht. Der Erfolg, die Schmiede hierzu wird meist im Verborgenen geleistet. Deswegen gilt es für alle, die erfolgreich sein wollen, immer weiterzumachen. Auch wenn es nicht mehr geht, ansonsten hat der Gegner, der mehr trainiert, einen Vorteil.

Was war dein Schlüssel zum Erfolg? Wie hast du deine Ziele erreicht?

Hast du deine Ziele erreicht, durch wirklich harte und kontinuierliche Arbeit, musst du dich immer wieder neu entwickeln. Du musst dich immer wieder täglich fragen: Was muss ich heute anders oder besser machen als mein Konkurrent, um dann doch einen Vorteil zu haben, um am Ende des Tages auf dem Podium wieder ganz oben zu stehen?

Auf was hättest du gerne auf deinem Weg zum Erfolg verzichtet?

Mein Spruch dazu lautet: Nach oben zu kommen ist einfacher, als zu bleiben. Ich hätte auf zwei Dinge auf dem Weg zum Erfolg verzichten können: Neid und Missgunst der Mitglieder in der Schwimm-Nationalmannschaft. Ich war damals als Newcomer in der Mannschaft und hatte das große Glück, im Rahmen der Wiedervereinigung an den Start zu gehen, aber es gab Unterschiede in der Auffassung in der Nationalmannschaft: Für mich war es ein Hobby, für die Athleten aus den neuen Bundesländern war es Beruf. Sie haben sehr hart gekämpft, um ihren Job zu behalten. Und das nicht immer mit fairen Mitteln. Ich hätte auf Neid und Missgunst letzten Endes verzichten können.

Was sind deine Erfolgstipps?

Jeder kann sein eigenes, persönliches Olympiaziel erreichen. Das kann zum Beispiel sein, nach der Reha-Maßnahme wieder laufen zu können, das kein sein, einem Hobby-Triathlon nachzugehen, das kann sein, dass man mit der Familie wieder enger zusammenrückt. Erfolg ist ja nicht nur auf den Sport bezogen. Erfolg kann in der Gesellschaft vielschichtige Ebenen einnehmen. Wichtig dabei ist, sich nicht von seinem Weg abbringen zu lassen.

Christian Keller

Christian Keller ist ein ehemaliger deutscher Schwimmer, der an vier Olympischen Spielen teilnahm und bei den Olympischen Spielen 1996 eine Bronzemedaille gewann. 1995 erschwamm er mit der 4×200-Meter-Staffel bei der Europameisterschaft Gold und holte erneut Bronze über 200 Meter Lagen. Bei den Olympischen Spielen in Atlanta belegte Christian den neunten Platz auf der Lagenstrecke, gewann aber mit der 200-Meter-Freistilstaffel Bronze. Christian ist

Weltcup-Sieger 1993 bis 1995, 1998 bis 2001, 2004. 2013 war Christian Keller Jurymitglied bei der RTL-Show „Die Pool Champions - Promis unter Wasser".

Anna Hahner - Olympionikin, Trailläuferin des Jahres 2021

Foto: @jsaragossa

Was bedeutet für dich Erfolg?

Erfolg bedeutet für mich, etwas erreicht zu haben, das positive Energie freisetzt, sowohl bei mir als auch bei anderen.

Was war dein Schlüssel zum Erfolg? Wie hast du deine Ziele erreicht?

Ich habe erst in der Retrospektive gemerkt, dass Erfolg immer ganz eng verbunden damit war, dass ich auf mein Herz gehört habe. Dann mache ich es mit einer Energie, die unerschöpflich ist und von innen herauskommt. Das ist etwas, was nun voll und ganz meinen Weg leitet.

Auf was hättest du gerne auf deinem Weg zum Erfolg verzichtet?

Ich glaube, dass jeder Baustein wichtig ist und man manchmal erst nach Jahren sagen kann, für was der einzelne wichtig war. Von daher ist alles notwendig, wenn auch nicht immer schön.

Was möchtest du den Leser*innen mit auf den Weg geben?

Höre auf dein Herz und genieße die Momente, die auf dem Weg liegen. Das, was ich mittlerweile verstanden habe, ist, dass das Erfüllende nicht das Ziel, sondern der Weg und die Begegnungen auf diesem sind.

Anna Hahner

Anna Hahner ist eine der erfolgreichsten deutschen Marathonläuferinnen und stand 2016 mit ihrer Zwillingsschwester Lisa an der Startlinie des Olympischen Marathons. Ihre Marathonbestzeit liegt bei 2:26:44 Stunden und sie konnte Marathonsiege in Wien und Hannover feiern.
2012 wurde sie zur deutschen Läuferin des Jahres gewählt. Seit 2021 legt sie ihren Fokus auf das Trailrunning, konnte 2021 die Golden Trail Series gewinnen und wurde 2021 als Trailläuferin des Jahres ausgezeichnet.

Ian K. Karan – Wirtschaftssenator der Hansestadt Hamburg a. D.

Foto: Andreas Laible

Was bedeutet für dich Erfolg?

Erfolg bedeutet für mich, seine Lebensziele zu erreichen und die Familie abzusichern.

Was war dein Schlüssel zum Erfolg? Wie hast du deine Ziele erreicht?

Der Schlüssel zum Erfolg hängt zuallererst ab von der Geschäftsidee und den Zielen, die man sich selbst steckt. Erfolg basiert auf der Geschäftsidee, aber vor allem auch darauf, wie hartnäckig man die Ziele verfolgt. Es gehört außerdem eine ganze Portion Glück dazu. Ich habe meine Ziele erreicht, indem ich trotz einiger Rückschläge an meinen Träumen festgehalten habe.

Auf was hättest du gerne auf deinem Weg zum Erfolg verzichtet?

Ich hätte gerne auf den Vertrag mit dem englischen Käufer verzichtet, der mich am Ende um den Kaufpreis betrogen hat. Es hat mich gelehrt, dass man trotz teurer Anwälte auch selbst den Vertrag genau prüfen sollte.

Was sind deine Erfolgstipps?

Meine Erfolgstipps an die Leser*innen sind, dass man an die Geschäftsidee glauben sollte, seine Ziele beharrlich verfolgen und immer positiv bleiben muss. Unabdingbar ist auch die Mitarbeiterzusammenstellung und wie man diese für die Ziele gewinnt.

Ian K. Karan

Ian K. Karan kam 1970 nach einem Studium in England und Tätigkeiten in London und Basel nach Hamburg. 1975 gründete er mit CLOU Container Leasing GmbH seine erste Container Leasingfirma. Dem Verkauf des Leasinggeschäftes folgte 1996 die Gründung der Firma CAPITAL Lease. Zum Zeitpunkt des Verkaufs im Juli 2007 war CAPITAL Lease mit einer Flotte von über 520.000 TEU das größte europäische Container Leasingunternehmen und das achtgrößte weltweit.
Ian K. Karan unterstützt kulturelle, soziale oder sportliche Einrichtungen in Hamburg und in Sri Lanka. Sein besonderes Augenmerk legt er dabei auf Integrationsprojekte und Jugendförderung. Für sein soziales und kulturelles Engagement wurde er im Juni 2007 mit dem Bundesverdienstkreuz am Bande

ausgezeichnet. 2010 wurde Ian K. Karan zum Senator für Wirtschaft und Arbeit ernannt und leitete die Wirtschaftsbehörde der Freien und Hansestadt Hamburg bis zu den Neuwahlen 2011. Er war unter anderem viele Jahre Vorstandsvorsitzender des Vereins der Freunde und Förderer der HSBA und ist Mitglied im Kuratorium der Stiftung Kulturglück und des Hamburger Theater Festivals.

Margit Lieverz – Die Freisprecherin – ausgebildete Schauspielerin, erfolgreiche Moderatorin, Medientrainerin, Coach, Rednerin und Autorin

Foto: Fabian Otto

Was bedeutet für dich Erfolg?

Erfolg ist für mich, wenn ich meine Gaben und Talente so einsetzen kann, dass ich damit Gutes für die Menschen tun kann und gleichzeitig ein erfülltes Leben lebe – finanziell, emotional, gesundheitlich und energetisch.

Was war dein Schlüssel zum Erfolg? Wie hast du deine Ziele erreicht?

Mit viel Geduld, einem langen Atem, der Hilfe vom Universum und vielen wundervollen Menschen, die mich begleitet und ermutigt haben. Ich bin ein Bühnenkind und wollte daher immer singen, tanzen und spielen. Auf Anraten meiner Mutter habe ich aber erst einen „Brotberuf" gelernt: Ich bin ausgebildete Köchin. Nach meiner Kochlehre wollte ich auf diese wertvolle Erfahrung aufbauen und bin daher nach Ravensburg gegangen, um dort den dualen Studiengang „Tourismusbetriebswirtschaft mit Fachrichtung Hotelmanagement" zu studieren.

Nach zwei Jahren Studium habe ich dann gemerkt, dass ich einfach einen anderen Weg gehen darf - denn ich war einfach zu weit weg von meiner geliebten Bühne. Also habe ich einen Job als Eventmanagerin angefangen und Kongresse, Konferenzen und Seminare koordiniert und organisiert. Unter anderem sogar in Paris. Das hat Spaß gemacht, weil ich auch meine Sprachtalente wieder einsetzen konnte.

In meiner Freizeit habe ich dann wieder mit Schauspiel-Kursen, Camera-Acting-Workshops, Ballett-Unterricht und Gesang angefangen. Und gemerkt, wie sehr ich das alles immer noch liebe. Also habe ich neben meinem Vollzeit-Job eine Teilzeit-Schauspiel-Ausbildung an einer Schauspiel-Schule begonnen. Zwei Monate nach Beginn der Ausbildung habe ich erfahren, dass ich ein Kind erwarte. So konnte ich meine drei Jahre Elternzeit nutzen, um die Schauspiel-Ausbildung mit erfolgreich abgelegter Prüfung im Juli 2009 abzuschließen. Kurz darauf kam ein TV-Sender auf mich zu, für den ich dann fast zwei Jahre als Moderatorin arbeiten durfte.

Parallel dazu habe ich auch die ersten Erfahrungen in Sachen Event- und Messemoderation gesammelt und die ersten Coachings zum Thema Freireden, souverän Präsentieren und erfolgreich Auftreten gegeben. 2015 habe ich das erste Mal vor 450 Menschen einen Vortrag dazu gehalten, 2017 ist mein Buch „Reden ist Silber - Freireden ist Gold" erschienen.

In meiner Erinnerung waren es ganz oft Menschen, die auf mich zukamen und mich gefragt haben, ob ich denn moderieren, einen Vortrag halten oder ein Buch schreiben möchte. Und oft habe ich einfach spontan aus dem Bauch heraus „Ja" gesagt und mich erst danach darum gekümmert, wie ich das denn schaffen könnte. Oft haben also die Menschen in mir schon etwas gesehen, was für mich noch gar nicht da war. Ich habe mich dann einfach von meinem Bauchgefühl und meiner Intuition leiten lassen ...

Auf was hättest du gerne auf deinem Weg zum Erfolg verzichtet?

Auf nichts. Mein Weg war und ist genauso, wie er sein darf. Mit all den Umwegen, Rückschlägen, frustrierenden und traurigen Momenten. Aber eben auch mit all den erreichten Zielen und erfüllten Träumen.

Was sind deine Erfolgstipps?

Wenn du etwas in dir trägst, was du immer schon machen wolltest, dann mache es! Wir leben heute in einer Zeit, in der alles möglich ist! Wir können online recherchieren, wo und wie die Dingen gehen, die wir machen wollen. Wir können uns Empfehlungen von Menschen einholen, die da schon sind, wo wir hinwollen. Geh also einfach los! Und wenn es dauert, dann dauert es! Mein Weg hat auch lange gedauert! Alleine an meinem Buch habe ich zwei Jahre geschrieben! Meine Schauspiel-Ausbildung hat drei Jahre gedauert. Und das erste Mal im Kino zu sehen war ich dann 2015. Da war ich schon 39 Jahre alt! Und ich habe es so gefeiert. Mit Kino-Premiere, rotem Teppich, Presse etc. Eines meiner absoluten beruflichen Highlights. Also lass dir nie einreden, dass du für etwas zu alt, zu jung, zu unerfahren, zu dick, zu dünn, zu sonst etwas bist! Wenn du es tun willst, dann mache es einfach! Denn es gibt einen Grund, warum du etwas machen möchtest. Sei es beruflich oder erst mal als Hobby. Also fang an! Dein Leben ist jetzt! Und genieße auch den Weg dahin, denn er hat viele magische Momente! Ich wünsche dir von Herzen viel Freude und natürlich Erfolg!

Margit Lieverz

Margit Susan Lieverz ist DIE Freisprecherin - Expertin für Kommunikation und Körpersprache.
Sie ist gelernte Köchin, Hotelbetriebswirtin, ausgebildete Schauspielerin, Moderatorin und Coach.
Als Rednerin begeistert Margit Lieverz bundesweit jährlich mehrere Tausend Zuhörer auf Veranstaltungen, Speaker-Events und Kongressen. Auch bekannte Unternehmen wie der Bundesverband Materialwirtschaft, Einkauf und Logistik (BME e. V.), die Deutsche Post, Deutsche Bank AG, SRH Holding, VDI und viele weitere schätzen ihre humorvolle Art und lebendige wie anschauliche und damit zielführende Präsentation. Sie ist Mitglied in der GSA (German Speakers Association e. V.), Dozentin beim VDI Wissensforum sowie Dozentin an der GSA Akademie. Als Schauspielerin war sie bereits in zahlreichen Fernsehformaten zu sehen wie beispielsweise der ZDF-Reihe „Ein Fall für zwei" oder im ZDF-Krimi „Kommissarin Heller". Im Kino war sie zuletzt in der Rolle der Immobilienmaklerin im Kinofilm „3 Türken und ein Baby" zu sehen. Als Moderatorin führt Margit Lieverz charmant und lebendig durch Gala-Abende, Firmen-Jubiläen, Kunden-Veranstaltungen und TV-Formate.
Als Medientrainerin und Coach unterstützt sie Klienten bei Vortragsvorbereitungen und Themen wie „Souveränes Auftreten" und vielem mehr.

Philip Keil – Pilot & Keynote Speaker

Was bedeutet für dich Erfolg?

Seine Ziele zu erreichen, sich seine Wünsche zu erfüllen, das Leben zu leben, das man sich erträumt.

Was war dein Schlüssel zum Erfolg? Wie hast du deine Ziele erreicht?

Ich kann mich für ein Ziel begeistern und beharrlich dafür arbeiten. Ich blicke auf das große Ganze und verfolge deshalb für mich einen ganzheitlichen Lebensplan, der Job und Privatleben immer in einer gesunden Balance hält.

Auf was hättest du gerne auf deinem Weg zum Erfolg verzichtet?

Rückschläge und Enttäuschungen gibt es immer. Man überwindet sie, indem man sie – noch bevor sie passieren – als Teil des „Spiels" akzeptiert. Je größer die Ziele, desto häufiger die Rückschläge. Der Blick fürs große Ganze relativiert die kurzfristige Enttäuschung. Wenn ich in fünf Jahren zurückblicke, lache ich darüber. Also kann ich es auch gleich abhaken und weitermachen, oder?

Was sind deine Erfolgstipps?

Stelle dir intensiv vor, wo du hinwillst im Leben und wie es sein wird, dort angekommen zu sein. Stelle dir jedes kleine Detail vor. Das nennt man „Priming". Dann fühlst du, warum konkret es die Arbeit wert ist.

Philip Keil

Über 9.000 Flugstunden, Tausende Starts und Landungen auf vier Kontinenten. Und ein Flug, der sein Leben veränderte ... „Deutschlands bekanntester Pilot" (ERFOLG Magazin) fesselt sein Publikum mit einer außergewöhnlichen Lebensgeschichte und wertvollem Expertenwissen. Als Führungskraft über den Wolken spricht er aus der gelebten Praxis über „Schwierige Entscheidungen", „Das Team als Erfolgsfaktor", „Führung in dynamischen Zeiten" und „Positive Fehlerkultur". Philip Keil nimmt seine Zuhörer mit ins Cockpit und überträgt spannende Denkanstöße auf die Unternehmenswelt. Für seine wegweisenden Ansätze wurde er 2018 in den Kreis der „Management-Vordenker Deutschlands" erhoben und ist regelmäßig als Experte im TV. „Als internationaler Top-Speaker und Erfolgsautor hat er europaweit Zehntausende Menschen mit seinen Impulsen erreicht." (Handelsblatt)

Daniela Dihsmaier – Geschäftsführerin bei FREIWASSER Coaching und mentales Training

Foto: Daniela Engelhardt

Was bedeutet für dich Erfolg?

Erfolg ist deine innere Zufriedenheit mit dem, was du schon erreicht hast. Gleichzeitig brauchst du die Motivation, nicht oben auf einem Berg stehen zu bleiben. Bleib für neue Ideen offen.

Was war dein Schlüssel zum Erfolg? Wie hast du deine Ziele erreicht?

Konsistenz: Jeden Morgen stehe ich auf und arbeite an meinen Zielen und Träumen. Manche Tage im Leben bringen mehr Selbstzweifel, diese Zeiten nutze ich zur eigenen Weiterentwicklung. Was will und kann ich selbst daran ändern, dass ich mich gerade unwohl fühle? Das sind oft im Nachhinein betrachtet die entscheidenden Weichen in einem Leben.

Auf was hättest du gerne auf deinem Weg zum Erfolg verzichtet?

Auf diejenigen, die dich nur fair behandeln und pushen, wenn du schon Erfolg hast. Sie machen das Leben manchmal sehr hart und ungerecht. Viele Menschen fördern und loben erst dann jemand, wenn die Masse dem zustimmt, also der Lobende selbst an Ansehen gewinnt beziehungsweise nichts zu verlieren hat.

Was sind deine Erfolgstipps? Was möchtest du den Leser*innen mit auf den Weg geben?

Diese negativen Erfahrungen machen dich, wenn du es nutzt, erfolgreicher, du kannst daraus lernen, was dich noch von anderen unterscheidet, die es geschafft haben. Vernetze dich mit anderen, unterstütze auch andere Personen. Du wirst nicht schlechter, weil eine andere Person mehr Erfolg als du hat. Der Grund dafür ist ein anderer, finde ihn!

Lerne deinen Weg besser zu definieren: Wo willst du dich positionieren, wie willst du wahrgenommen werden, was kannst du selbst dafür tun? Was lässt du besser künftig, weil es nicht das Ziel bringt, das du dir wünschst? Deine eigene Entwicklung hört nie auf. Warte nicht auf die „alles gut machende" Fee von außen, sondern fang selbst an, in kleinen Schritten für dich das Leben immer wieder neugierig zu entdecken. Sorgen gehören zum Leben dazu. Akzeptiere das, warte nicht auf ein sorgenfreies Leben. Das Leben ist für keinen leicht. Es ist kein Ponyhof.

Doch genau deshalb: Lerne wieder mit dem Leben zu flirten. Es wird nicht leichter, wenn wir auf das große Glück warten, wir werden nur älter. Also fang einfach an, das zu tun, worauf du wirklich in deiner zur Verfügung stehenden Zeit Lust hast. Leistung verläuft in Wellen, sei okay mit dir, wenn du mal erschöpft bist und dich ausruhst, wir können nicht jeden Tag in

Hochform sein, unser Kopf und Körper brauchen Regeneration und manchmal gibt es Tage, da sind wir hochproduktiv und andere, da sind wir es weniger. Nutze diese Wellen sinnvoll - zum Beispiel im Ausgleich mit Sport, statt deine mangelnde Konzentration dann zu verteufeln.

Ich habe neulich etwas sehr Schönes gelesen: Schau nicht, ob es woanders grüner ist, sondern gieße deinen eigenen Garten, damit er grün bleibt. Ich glaube, es braucht das Verständnis dafür, seinen eigenen Garten gießen und schätzen zu können. Das gilt für das Leben, die Liebe, die Führung von Mitarbeitern - es braucht Konsistenz im Tun.

Und den Mut, auch dann, wenn es schwerfällt, die innere Leichtigkeit immer wieder zu entdecken und nicht darauf zu hoffen, dass andere sie in uns wecken. Denn alles, was von Dauer sein soll, brauchen wir in uns, um es mit anderen langfristig teilen zu können. Sonst ziehen wir andere mit nach unten.

Daniela Dihsmaier

Daniela ist systemischer Coach und Mental Coach - etwa für Führungskräfte, Jurist*innen und Athlet*innen. Ihr Fokus liegt auf Leadership, Leistungsdruck, Storytelling und (beruflichen) Veränderungen.
Autorin des meistverkauften Fachbuchs des Pflaum Verlags: „Brutal Mental - Mentale Stärke ist mehr als nur Siegerdenken". Gewinnerin von vier Kurzgeschichten Preisen. Sportliche Erfolge als Amateur-Triathletin:
1. Platz Age Group, 12. Frau gesamt IRONMAN 70.3 Barcelona 2014, 2. Platz Age Group, 17. Frau gesamt IRONMAN Kopenhagen 2013, Qualifikation IRONMAN World Championship Hawaii 2013, Deutsche Vizemeisterin Age Group, Mitteldistanz Triathlon, Heilbronn 2016.

Tetje Mierendorf – freiberuflicher Schauspieler, Sänger und Sprecher

Foto: Tanja Hall

Was bedeutet für dich Erfolg?

Erfolg ist für mich zum einen das Erreichen persönlicher Ziele, aber ebenso der Erhalt des bereits Erreichten und ein gesundes Gleichgewicht aus Säen und Ernten. Erfolg ist nichts, wenn man ihn nicht auch als solchen erkennt und zu schätzen weiß.

Was war dein Schlüssel zum Erfolg? Wie hast du deine Ziele erreicht?

Der Schlüssel zu meinem persönlichen Erfolg besteht darin, mich immer wieder neu zu erfinden, neugierig und offen für alles zu bleiben und mich breit aufzustellen, immer neue Dinge auszuprobieren und auch scheitern zu dürfen. Es gab bisher nichts, wo ich nicht wenigstens nachhaltig gelernt hätte. Ich ruhe mich auch nie auf Erreichtem aus, sondern stelle mich immer wieder infrage und bin mir für nichts zu schade. Ich versteh mich als Künstler, nicht als Diva, sondern eher als Handwerker.

Auf was hättest du gerne auf deinem Weg zum Erfolg verzichtet?

Ich hätte gern auf missgünstige Kollegen verzichtet, die sich nicht über Erfolge mitfreuen können. Nach meiner Erfahrung haben aber gerade die langfristig keinen Erfolg, die sich nicht gegenseitig unterstützen. Natürlich kann es immer wieder zu Situationen kommen, in denen man zu Konkurrenten wird. Aber Hilfe, Unterstützung und Fairness sind immer gute

Karrierebegleiter, denn meine Branche ist klein und man sieht sich häufiger als zweimal im Leben.

Was sind deine Erfolgstipps?

Auch wenn es manchmal wehtut, muss man lernen, mit Ablehnung zurechtzukommen, sich zu hinterfragen und daraus zu lernen. Und wenn man nicht hundertprozentig vorbereitet ist und weiß, was man tut, ist es besser, KEINEN Eindruck zu hinterlassen als einen schlechten. Für einen ersten Eindruck gibt es keine zweite Chance. Abgesehen davon: professionell und verlässlich sein, breit aufstellen und nicht von einem Auftraggeber abhängig machen. Das hat mich durch die Pandemie gerettet.

Tetje Mierendorf

„Wenn es schnell gehen soll, sage ich, ich arbeite als Schauspieler, damit können die meisten etwas anfangen." Tetje spielt seit 1995 immer wieder in Musicals, zum Beispiel „Grease", „Buddy", „The Rocky Horror Show", „Der kleine Horrorladen", „Hairspray", „Sister Act", „Das Wunder von Bern", „Shrek" etc. Er arbeitet als Synchronsprecher und Sprecher für Hörbücher und Dokumentationen, gelegentlich auch als Regisseur. Tetje war einige Jahre als Comedian im TV in Formaten wie „Mein großer dicker peinlicher Verlobter", „Schillerstraße", „Frei Schnauze XXL" und „Genial daneben" zu sehen. Sein ganzes Leben - privat wie beruflich - hatte er durch seine Körpergröße und sein massives Übergewicht definiert, in der Spitze bis 180 Kilogramm. 2014 beschloss er, alles zu verändern und von nun an Verantwortung für seine Gesundheit zu übernehmen. Insgesamt verlor er 68 Kilogramm. Dies hat er zum Anlass genommen, auch andere zu motivieren, etwas im Leben zu bewegen. Seine Erfahrungen hat er in seinem Buch „Halbfettzeit" niedergeschrieben - darüber hinaus hält er in Unternehmen Vorträge zu den Themen Verantwortung, Motivation und Life Change und gibt Lesungen. Seiner großen Liebe zur Musik ist er immer treu geblieben und tritt auf Galas als Sänger auf oder moderiert Events - sei es an Land oder auf den Weltmeeren.

Elena Zvirbulis – Schauspielerin und Coach

Foto: Stephanie Steffens

Was bedeutet für dich Erfolg?

Erfolg bedeutet für mich, klar zu fühlen, dass ich auf dem richtigen Weg bin. Mit mir selbst verbunden und authentisch zu leben. Dann gelingt es mir, mit Leichtigkeit und Freude meine Ziele zu erreichen und etwas Gutes in die Welt zu bringen.

Was war dein Schlüssel zum Erfolg? Wie hast du deine Ziele erreicht?

Eine klare Vision, Inspiration, Zielstrebigkeit und gute Vorbereitung helfen mir. Der wichtigste Punkt ist aber, mir selbst und meinen Fähigkeiten zu vertrauen und an mich zu glauben. Ich glaube, die größten Erfolge hatte ich immer, wenn ich mit Freude etwas von ganzem Herzen gemacht habe, und nicht aus dem Ego.

Auf was hättest du gerne auf deinem Weg zum Erfolg verzichtet?

Ich habe oft versucht, anders zu sein, als ich bin, und mich nicht so gezeigt, wie ich wirklich bin. Das war oft sehr frustrierend. Inspiration ist wunderbar, aber Vergleichen ist sinnlos und destruktiv. Ich wäre aus heutiger Sicht gerne viel liebevoller und freundlicher zu mir selbst gewesen. Außerdem hätte ich gerne früher einen gesunden Umgang mit Feedbacks und Kritik gehabt und mir dadurch viele schlaflose Nächte erspart. Zu lernen, wie ich meine Energie und

Kreativität beschützen kann, war ein langer Weg für mich.

Was sind deine Erfolgstipps?

Erkenne dich, bleib bei dir, glaub an dich und finde etwas, das du von Herzen gerne machst. Und erlaube dir, groß zu träumen!

Elena Zvirbulis

Elena Zvirbulis wurde als Stipendiatin an der Joop van den Ende Academy in Hamburg zur Musicaldarstellerin ausgebildet. Danach war sie in zahlreichen Produktionen wie zum Beispiel „Heiße Ecke", „Fack ju Göhte - das Musical", „Der Schuh des Manitu", „Hairspray" und „Die Weihnachtsbäckerei" zu sehen. Elena ist Preisträgerin des Bundeswettbewerbs für Gesang 2007 und wurde 2017 mit dem Deutschen Musicalpreis ausgezeichnet. Als Synchronsprecherin ist sie in zahlreichen Serien und Filmen zu hören. Außerdem arbeitet sie als ganzheitlicher Coach und schreibt momentan ihr erstes Buch.

Tim Niedernolte – Fernsehmoderator

Foto: Julia Baumgart

Was bedeutet für dich Erfolg?

Ganz ehrlich? Das kann ich auch bei längerem Nachdenken gar nicht so genau sagen. Es ist in meinem subjektiven Empfinden auf jeden Fall nicht DER eine Job, DIE Position oder DAS Gehalt. Vielmehr geht es eher so in die Richtung von Erfüllung. Erfüllt sein von dem, was ich tue. Ausgefüllt sein durch das, was ich mache. Wenn ich das tun kann, was ich liebe, eigene Ideen umsetzen zum Beispiel, dann hat das für mich etwas mit Erfolg zu tun. Vielleicht, weil Dinge er-folgen, nachdem ich sie auf welche Art und Weise auch immer in Gang gesetzt habe. Und wenn ich mitbekommen darf, dass sich Menschen über eine Sache, an der ich beteiligt war, freuen oder ins Nachdenken kommen oder berührt werden, dann erfüllt mich das zutiefst. Und, ja, vielleicht ist das dann für mich auch so etwas wie ein Erfolg?!

Was war dein Schlüssel zum Erfolg? Wie hast du deine Ziele erreicht?

An mich glauben. Nach Rückschlägen und Absagen und zuknallenden Türen trotzdem weiter machen. Neue Wege finden und andere Türen suchen, die ich aufstoßen kann. Hartnäckig bleiben bei den Dingen, die mir wichtig sind und die ich unbedingt erreichen möchte. Auf Herzensmenschen hören und mich nicht allein auf den Weg machen, sondern durch beste Freunde und auch Mentoren Rückenwind holen. Beten - darin liegt für mich auch eine unglaubliche Kraft.

Auf was hättest du gerne auf deinem Weg zum Erfolg verzichtet?

Diese Absagen in letzter Minute. Wenn ein sicher geglaubter neuer Job so kurz vorm Ziel doch noch platzt. Und diese Unverbindlichkeit, gerade in der Medienbranche. Bis heute habe ich mich weder daran gewöhnt noch möchte ich mich damit abfinden. Wenn gerade nichts geht, dann geht halt nichts. Aber das kann man dann auch so kommunizieren. Und auf E-Mails darf man antworten.

Was sind deine Erfolgstipps?

Unbedingt das machen, was man liebt und wofür das eigene Herz brennt. Denn das macht nicht nur am Ende den Unterschied. Sondern auch den Weg dorthin leichter - und setzt Erfolgs-Kräfte frei, die es so sonst nicht gibt. Don't believe the hype - aber umso mehr dem eigenen Bauchgefühl. Das ist nämlich nicht umsonst ein wunderbarer Kompass und damit in gewisser Weise auch Erfolgs-(An)Zeiger!

Tim Niedernolte

Tim Niedernolte, Jahrgang 1978, hat in München Literatur, Kommunikationswissenschaft und Französisch studiert. Heute ist er Fernsehmoderator, Buchautor und Vortragsredner. Nach Stationen bei RTL und als Fußballreporter bei SKY arbeitet er seit 2010 beim ZDF. Zunächst für die Sendung „logo!", danach hat er die „heute"-Nachrichten moderiert und die Sendung „drehscheibe". Aktuell steht er beim ZDF für „hallo deutschland" vor der Kamera. Tim Niedernolte ist Autor der Bücher „Wunderwaffe Wertschätzung -

Vom großen Glück einer einfachen Lebenshaltung" (2018) und „Respekt! Die Kraft, die alles verändert – auch mich selbst" (2020). Für RTL Zwei hat er die Langzeit-Dokumentation „Das Berlin Projekt" gehostet, für die der Moderator knapp zwei Jahre lang obdachlose Menschen begleitet und unterstützt hat.

Susanne Nickel – Expertin für Change

Foto: Jurga Graf

Was bedeutet für dich Erfolg?

Erfolg bedeutet für mich ganz persönlich, dass ich in meiner Stärke bin und meine gesetzten Ziele auch wirklich nachhaltig erreiche und damit zufrieden bin.

Was war dein Schlüssel zum Erfolg? Wie hast du deine Ziele erreicht?

Als 9-jähriges Mädchen wollte ich Balletttänzerin werden. Das war ein großes und ungewöhnliches Ziel, da ich aus einer Arbeiterfamilie stamme und die maximale Bewegung bei meinem Vater ein Luftsprung war, wenn Kaiserslautern ein Tor geschossen hat. Ich habe mir sogar alleine eine Ballettschule gesucht, so sehr hat mich dieses Ziel angetrieben. Damit einher ging die Disziplin, dranzubleiben, wenn es anstrengend wird. Als Tanzelevin lernt man das sehr schnell und es fiel mir nicht so schwer, da es um meine große Leidenschaft ging. Ich brannte für mein Ziel und schließlich habe ich meinen Kindheitstraum verwirklicht und hatte einen Platz in der Folkwanghochschule unter der Direktion der berühmten Pina Bausch. Ich habe mir einige blutige Zehen geholt, doch meine Begeisterung für das Tanzen hat mich immer weiter machen lassen.

Deswegen ist es so wichtig, dass wir uns Ziele setzen, diszipliniert umsetzen und begeistert bei der Sache sind. Das können wir auf alle Ziele übertragen.

Auf was hättest du gerne auf deinem Weg zum Erfolg verzichtet?

Disziplin am falschen Ort ist schädlich. So war ich viele Jahre in einem Job, man würde sagen, bei dem die Träume sterben. Ich musste mit dem Tanzen aufhören, als ich mit 19 Mama wurde, und habe danach Jura studiert. Ich dachte, das sei eine sichere Nummer. Damals war mir noch nicht so ganz klar gewesen, dass das so gar nicht meine Stärke war, die juristischen Paragrafen. So war ich viele Jahre in einem Juristenjob festgesteckt, der mir keinen Spaß machte. Heute sage ich, dass meine Karriereleiter an der falschen Wand stand. Es ist so immens wichtig, dass wir erkennen, wo wir in unserer Stärke sind und was wir wirklich wollen. Denn die Leiter können wir verschieben, die Wand nicht. Bis ich gehen konnte, hat bei mir etwas zu lange, fast 10 Jahre, gedauert. Das hätten auch ein paar Jahre weniger sein können. Andererseits weiß ich genau, wenn ich Menschen coache, wie man sich fühlt, wenn man nicht so ganz richtig ist. Ich habe meinen Traumberuf erst mit Ende 40 wirklich erreicht und mein Unternehmen gegründet. Dennoch ergeben die ganzen Mosaiksteinchen aus meinem bisherigen Leben einen Sinn und vervollständigen das Puzzle. Als Vortragsrednerin und Coach kann ich alle meine Erfahrungen einsetzen und Menschen helfen.

Was sind deine Erfolgstipps?

Ich möchte deine Leser*innen ermutigen, sich als Erstes ein eigenes und gutes Ziel zu setzen. Wer keine Ziele hat, erfüllt die Ziele von anderen. Dazu gehört auch der Ziele-Check: Ist es wirklich mein eigenes Ziel, das mir wirklich wichtig ist? Bei beruflichen Zielen ist zudem wichtig, dass man in seiner Stärke ist. Jeder Mensch hat Stärken, diese gilt es zu entdecken und zu nutzen. Wenn mir mein Ziel ein Lächeln ins Gesicht zaubert und ich aus vollem Herzen „Ja" sagen kann, dann geht es um die Umsetzung und Selbstdisziplin. Ich nenne das dann die „sexy" Disziplin, damit sie ein wenig ihren schlechten Beigeschmack verliert. Dabei werde Etappenziele gesetzt, das können auch Babysteps sein. Wenn ich begeistert von meinem Ziel bin, lässt es sich eher diszipliniert dranbleiben und auch in die Zielgerade einlaufen. Und am Ende ist eines ganz wichtig: Erfolge feiern!

Susanne Nickel

Susanne Nickel ist DIE Expertin für Change 4.0 und innovative Leadership. Jahrelang war sie als Managerin und Beraterin in nationalen wie auch internationalen Unternehmen tätig. Sie ist in fast allen DAX-30-Unternehmen viele Jahre ein und ausgegangen. Vom Change im Mindset bis zur erfolgreichen Implementierung - die Frau weiß, wie notwendige Veränderungen wirklich gelingen. Susanne Nickel, auch die „Zukunftsmacherin" genannt, begleitet Unternehmen auf dem Weg zu mehr Agilität im Dschungel der digitalen Transformation. Die Speakerin ist Rechtsanwältin, Wirtschaftsmediatorin und Executive Coach. Viele Jahre war sie als Rechtsexpertin im TV zu sehen und bekannt dafür, komplexe Sachverhalte einfach zu erklären. Sie ist Autorin von sieben Büchern und hat Tanz bei der berühmten Pina Bausch studiert. Wie niemand anders vereint sie vermeintliche Gegensätze wie Kreativität und Struktur - Emotio und Ratio. Beides sind wichtige Voraussetzungen für eine erfolgreiche Transformation. Lass dich von Susanne Nickel für deinen nächsten Change begeistern.

Katharina Steinruck (geborene Heinig) – Profisportlerin seit über 15 Jahren und Polizeioberkommissarin des Landes Hessens mit Spitzensportförderstelle

Foto: Norbert Wilhelmi

Was bedeutet für dich Erfolg?

Erfolg ist für mich ein Gefühl der inneren Zufriedenheit. Dies kann ein Sieg bei einem großen Straßenrennen sein, das Überstehen einer wirklich harten Trainingseinheit oder das Abschließen eines langen und arbeitsaufwendigen Falles bei der Polizei. Es kommt darauf an, was ICH als Erfolg definiere und nicht was ein anderer mir vorgibt. Dieses Erfolgsgefühl ist in meiner Definition abhängig von einer im Voraus von mir erbrachten Leistung, die etwas mehr Kraft erfordert als andere alltägliche Aufgaben.

Was war dein Schlüssel zum Erfolg? Wie hast du deine Ziele erreicht?

Für mich ist der Schlüssel zum Erfolg neben Ehrgeiz und Wille auch das Durchhaltevermögen. Die Kraft an einer Sache dranzubleiben, auch wenn man

Rückschläge erfahren muss. Oft wird zu früh aufgegeben oder gar das Ziel aus den Augen verloren. Und genau dieses Ziel und der Weg dorthin sind es, die man für sich genau definieren und am besten grob planen sollte.

Dass Planung nicht alles ist, haben wir in den letzten zwei Jahren schmerzhaft erfahren müssen. Da heißt es auch mal geduldig zu sein, zu akzeptieren, neu zu orientieren und/oder auf einen Plan B oder gar Plan C zurückgreifen zu können. Bei mir war es tatsächlich der lange Atem, nicht nur für meine Wettkampfdistanz, den Marathon, sondern die Geduld und das Nicht-Aufgeben beziehungsweise Immer-wieder-Aufstehen, das mich am Ende so erfolgreich gemacht hat.

Natürlich habe auch ich Menschen an meiner Seite, die mich vor allem in den Niederlagen unterstützt und motiviert haben. Am Ende muss man es aber alleine für sich entscheiden, ob man weitermacht oder nicht. Und das Schöne ist, dass man sich immer wieder neue Ziele setzen kann, neue Herausforderungen angehen kann. Denn jedes erreichte Ziel gibt Mut und Inspiration für neue Ziele. Und scheitern – ja bitte, jeder muss ab und an scheitern. Denn nur wer lernt, mit Niederlagen umzugehen, kann am Ende auch mit Erfolg umgehen.

Auf was hättest du gerne auf deinem Weg zum Erfolg verzichtet?

Tatsächlich hätte ich gern auf die eine oder andere Verletzung oder den einen oder anderen Rückschlag verzichtet, aber genau die gehören eben dazu und haben mich am Ende dorthin gebracht, wo ich jetzt bin.

Was sind deine Erfolgstipps?

Ich kann jedem nur empfehlen, sich Ziele und Herausforderungen im Alltag zu setzen und auch an zu gehen. Jeder von uns hat Angst oder gewissen Respekt vor einer Aufgabe, die so unlösbar scheint, oder einem Ziel, das sich in so weiter Ferne befindet. Definiere deinen Weg zum Erreichen des Ziels in kleinen Schritten und dann fang einfach an. Fehlt am Anfang noch der Mut oder der Wille, suche dir Verbündete, die dich unterstützen oder Starthilfe geben.

Bei Rückschlägen, analysiere, wie es dazu kam, und mache dann weiter. Es heißt nicht ohne Grund: Man lernt aus seinen Fehlern! Und jeder kleine Schritt in die Richtung deines Ziels kann ein Erfolg sein – du musst ihn nur als solchen definieren.

Katharina Steinruck

Aufgewachsen in einer Leistungssportfamilie, betreibt sie selbst seit dem zehnten Lebensjahr Sport und mit dem Wechsel auf eine Sportschule mit 16 Jahren leistungsmäßig. Sie gehört auch seitdem dem Nationalkader des DLV an.
Neben dem Sport hat sie einen Abschluss als Dipl.-Verwaltungswirtin gemacht und gehört als Polizeioberkommissarin der Spitzensportförderung der Hessischen Polizei an.
Mit ihrem Schein als C-Trainerin Leistungssport (LA) gibt sie gern in Workshops ihr Wissen an Kinder und ambitionierte Hobbyläufer und Laufeinsteiger weiter.

Sportliche Erfolge: 30-fache Hessenmeisterin, 2009 bis 2011 dt. Juniorenmeisterin Halbmarathon, 2010 Sieg Köln Marathon, 2014/2016/2018 EM-Teilnahme (2020 qualifiziert, aufgrund von Covid-19 abgesagt), 2017 WM-Teilnahme, 2017 Deutsche Marathonmeisterin in Frankfurt am Main, 2021 Teilnahme Olympische Spiele Tokio, 2021 schnellste deutsche Läuferin Marathon, weitere DM-Medaillen und Siege bei internationalen Straßenrennen.

Hinnerk Baumgarten – Moderator NDR-Fernsehen „Das Rote Sofa", Mitherausgeber Golfmagazin „Golf'N'Style", Podcast „grün&saftig", Autor des Buches „Younger Sän Ewer"

Foto: Sebastian Roland Fuchs

Was bedeutet für dich Erfolg?

Erfolg ist vieles in vielen Bereichen. Wenn ich auf dem Golfplatz mein Handicap unterspiele, dann bin ich erfolgreich. Wenn ich als junger Mann eine junge Frau abends kennengelernt habe, dann war der Abend erfolgreich.

Wenn ich eine Gehaltserhöhung bekomme oder einen lukrativen Auftrag annehme, dann ist das ein Erfolg. Wenn ich eine Krankheit besiege, dann tue ich das erfolgreich. Was ist, wenn mein Kind geboren wird, ist das dann auch ein Erfolg? Ich denke, dann ist es eher das größte Glück, das man als Eltern, als Mensch, empfinden kann. Man sieht also: Erfolg kann vieles sein, aber Erfolg ist vor allem relativ.

Natürlich ist Erfolg aber auch messbar. In Muskelmasse beim Training, in Euro bei der Abrechnung, in Einschaltquoten beim Fernsehen. Hier liegt allerdings auch die Gefahr des Vergleiches. Etwas vermeintlich Erfolgreicheres gibt es immer. Spätestens, wenn ich mit meiner millionenteuren 30-Meter-Yacht im Hafen liege und es plötzlich schattig wird, weil neben mir eine andere Yacht anlegt, stelle ich meinen eigenen Erfolg infrage. Deswegen glaube ich ganz fest, dass man zwischen dem scheinbaren und dem echten, inneren Erfolg unterscheiden muss. Erfolg bedeutet für mich etwas sehr Persönliches: Erstens muss ich die Dinge, die ich tue, gerne tun. Zweitens muss ich für mich selber das Gefühl haben, „es gut zu machen", meine Qualitäten voll einzusetzen. Erfolg entsteht langfristig durch diese Zufriedenheit. Perfekt wird es, wenn dieser Erfolg dann noch durch Anerkennung belohnt wird.

Was war dein Schlüssel zum Erfolg? Wie hast du deine Ziele erreicht?

Ich hatte schon immer den Hang dazu, andere Menschen zu unterhalten, eine gute Atmosphäre erzeugen zu können, empathisch und neugierig zu sein. Ich fühle mich schon immer wohl auf einer Bühne und habe wenig Scheu, vor anderen zu sprechen.

Das sind natürliche Eigenschaften, die meinen Weg vorbestimmt haben. Wichtig ist meines Erachtens, dass man die eigenen Fähigkeiten erkennt und ihnen vertraut. Ich habe nie ein besonderes Ziel vor Augen gehabt, oder mir aufgeschrieben, wo ich unbedingt hinkommen möchte. Was ich aber erfolgreich gemacht habe, ist, dass ich meine Chancen gesehen und zugegriffen habe.

Auf was hättest du gerne auf deinem Weg zum Erfolg verzichtet?

Viele denken jetzt, auf Unannehmlichkeiten würde man gerne auf dem Weg zum Erfolg verzichten. Ich sage aber: Nein, genau das Gegenteil. Natürlich ist zum Beispiel in meinem Fall ein Interview mit einer Schauspielerin, das bundesweit in die Schlagzeilen gerät, weil es offensichtlich nicht so recht „gefunzt" hatte zwischen uns, nicht unbedingt das, was einen in dem Moment glücklich macht. Die Bewertung dieses Vorfalls überlasse ich jetzt mal jedem selbst, aber was da an Pressesturm auf mich einprasselte, war schon ziemlich heftig. In solch einem Fall bemerkt man dann aber auch, wie groß der Rückhalt eines Arbeitgebers sein kann, oder eben nicht. So was kann schnell zu einer psychischen Belastung werden, wenn man nicht aktiv gegensteuert. Bei mir war tatsächlich eine gewisse Kraft gefordert, um bei mir selber zu bleiben und mich nicht zu irgendwelchen vorschnellen, hitzigen Aktionen hinreißen zu lassen. Kühler Kopf war gefragt, intern wie extern.

Wahrscheinlich kann man es mit dem Begriff „was aushalten können" bezeichnen. Deswegen weiß ich, dass unter anderem auch dieses Erlebnis gut für mich war. Ich habe zum einen aus der Interview-Situation gelernt und ich habe zum anderen aus dem anschließenden Umgang damit gelernt. Unannehmlichkeiten sind wichtig. Man muss diese Erfahrungen machen, um gestärkt und klüger herauszukommen.

Was sind deine Erfolgstipps?

Wachsam bleiben und Vertrauen haben. Wachsamkeit in dem Sinne, dass man erkennt, wo sich Chancen ergeben und darauf vorbereitet zu sein. Vertrauen meint, die eigenen Stärken zu kennen und ihnen zu vertrauen. Wer nicht genau weiß, welches die eigenen Stärken sind, der oder die braucht sich übrigens nicht allein zu fühlen. Liegt wahrscheinlich daran, dass viele von uns ungern über diese Stärken reden. Das muss man für sich lernen. Es hilft, sich von „außen" zu betrachten.

Worin bin ich gut, woran habe ich Spaß. Das sind oft schon gute Indikatoren, von denen viel abgeleitet werden kann. Aus meinem eigenen Leben kann ich außerdem nur eines raten: gelassen bleiben. Zu verkrampft einem Erfolg hinterherzujagen, bringt meistens das Gegenteil. Zeig dich, vertrau dir und der Erfolg kommt von allein.

Hinnerk Baumgarten

Hinnerk Baumgarten moderiert seit 16 Jahren die Talkshow „DAS!", die Sendung mit dem Roten Sofa, im NDR-Fernsehen. Täglich ab 18.45 Uhr sind Prominente, Künstler, Wissenschaftler, Abenteurer oder Politiker live zu Gast. Außerdem moderiert Hinnerk noch die großen Live-Event-Sendungen im NDR-Fernsehen, wie zum Beispiel die Cruisedays Hamburg, den Feuerwerkswettbewerb Herrenhausen oder die Neuauflage des Werner-Rennens. Seit mehr als 20 Jahren moderiert er im privaten und öffentlich-rechtlichen Rundfunk, zuletzt bei NDR2.
Er ist Mitherausgeber des Golfmagazins GOLF'N'STYLE und hat einen eigenen Podcast „grün&saftig" dazu. Regelmäßig moderiert Hinnerk Veranstaltungen, Podiumsdiskussionen oder Galas. In privaten Coachings bietet er an, Lust aufs Reden zu machen. Sein aktuelles Buch über seine Erlebnisse als Vertreter der Generation Mann mit 50 heißt „Younger Sän Ewer".

Natalie Zimmermann – Unternehmerin und Profiboxerin

Foto: Sabine Skiba

Was bedeutet für dich Erfolg?

Ich persönlich bin ein Erfolgsmensch, wobei die Reise dabei das Wichtigste auf dem Weg zum Erfolg ist. Wer werde ich sein, wenn ich mein Ziel erreicht habe? Welche Fähigkeiten werde ich erworben haben?

Was war dein Schlüssel zum Erfolg? Wie hast du deine Ziele erreicht?

Der Schlüssel zum Erfolg ist Disziplin, Durchhaltevermögen, Niederlagenstabilität, Geduld, Freude und Vertrauen.

Auf was hättest du gerne auf deinem Weg zum Erfolg verzichtet?

Die körperlichen Schmerzen und Verletzungen sowie die Neider.

Was sind deine Erfolgstipps?

Das Erste ist eine klare Vision, die aus dem Herzen kommt, 100-prozentiger Glaube und Einsatz. Achtung: Auf dem Weg zum Erfolg wird es immer Niederlagen, Rückschläge und Hindernisse geben, diese zu überwinden ist die Kunst.

Natalie Zimmermann

Natalie Zimmermann ist eine Schäferstochter, aufgewachsen in Ostholstein mit vier Schwestern. Seit ihrem 20. Lebensjahr ist sie Kampfsportlerin, Physiotherapeutin und Personal Fitness Trainerin. Mittlerweile hat sie ihr eigenes Studio Body & Mind in Hamburg. Sie hat ein einzigartiges Konzept zusammengestellt aus Personal-Fitness-Training und Coaching. Als Profiboxerin genießt Natalie ihre letzte Reise als Kämpferin.

Borris Brandt – Director Entertainment bei AIDA Cruises

Was bedeutet für dich Erfolg?

Erfolg bedeutet für mich vor allem Freiheit! Freiheit, weiterzumachen. Freiheit, mehr zu machen. Freiheit, Kollegen über bestehende Grenzen hinaus mitzunehmen. Freiheit, weiter zu denken und meine Gedanken auch jederzeit frei äußern zu können, egal wie schräg sie manchem scheinen.

Was war dein Schlüssel zum Erfolg? Wie hast du deine Ziele erreicht?

Zur rechten Zeit, am rechten Ort, mutige Entscheidungen fällen, die sich im Kopf und im Bauch so anfühlen, als könnten sie später mal ein erfreuliches Kapitel in meiner eigenen Biografie werden. Und dann: dranbleiben!

Auf was hättest du gerne auf deinem Weg zum Erfolg verzichtet?

Auf die großen, menschlichen Enttäuschungen auf meinem Weg. Ich habe zahlreichen Freunden, Kollegen, oder auch Bekannten geholfen, ihren Weg zu finden. Ich bin die Basis für deren berufliche Karrieren und habe ihnen ein Leben auf der Sonnenseite ermöglicht. Der Dank, die Loyalität, die Leistungen waren am Anfang immer groß. Aber dann gab es auch immer wieder Einzelne, die sich, von Arroganz, Undank und anderen Einflüssen getrieben, plötzlich von unserer gemeinsamen Geschichte und meinem Teil ihres Erfolgs frei machen wollten. In einer Branche, die auf Storytelling setzt, von Neid und Angst unterwandert ist und mit „nicht Messbarkeit", Lautstärke und Geschwindigkeit überlebt, kann man eben auch mobben, ausgrenzen, anschwärzen, ohne dafür geradestehen zu müssen. Laute Selbstinszenierung ist heutzutage halt auch einfacher als hart zu arbeiten, neue Ideen zu entwickeln, für etwas in guten und schlechten Zeiten einzustehen, gemeinsame Erfolge gerecht zu teilen.

Was sind deine Erfolgstipps?

Für mich ist die Überschrift eines erfolgreichen Lebens und mein persönliches Glücksrezept: „Mit Freunden gemeinsame Ziele erreichen!" Es gibt für mich kein besseres Gefühl, als nach einem gemeinsamen Erfolg mit allen daran Beteiligten glücklich zurückzublicken und zu wissen, dass „wir das zusammen richtig gut gemacht haben". Ansonsten möchte ich der Generation „schnell, oberflächlich, laut" zurufen: „Machen, ist wie davon reden, nur viel krasser!"

Borris Brandt

Borris York Brandt wurde 1961 in Hamburg geboren und machte eine Lehre zum Werbekaufmann. Vom Werbeleiter bei der TELDEC Schallplatten GmbH ging es als Etatdirektor zur ECONOMIA Werbeagentur, weiter zu 20thCentury Fox, wo er das Marketing übernahm.

Sein Weg führte ihn zur ProSiebenMedia AG. Dort übernahm er die Programmdirektion, bis er schließlich CEO von Endemol Germany wurde. Auf dem Weg hat er circa 20 Drehbücher geschrieben, bei 50 TV-Formaten als Gast oder Kandidat mitgemacht, zahlreiche eigene TV-Formate und Radio-Shows entwickelt und ab und zu auch moderiert, die bis heute besten Jahresquoten für ProSieben eingefahren, die erfolgreichsten Jahresergebnisse für Endemol/Germany eingefahren. Seit 2012 ist er Director Entertainment bei AIDA Cruises.

Jeannine Michèle Wacker – Schauspielerin, Musicaldarstellerin und Songwriterin

Foto: Nicolai Peer

Was bedeutet für dich Erfolg?

Ein Erfolg fühlt sich für mich wie einer an, wenn das Ziel, das ich erreiche, eines ist, das sich in dem Moment, in dem ich es mir vornehme, fast unmöglich anfühlt. Etwas, wofür ich meine Komfortzone verlassen, kreativ werden, mutig sein und über mich selbst hinauswachsen muss. Wenn mir das gelingt, das ist Erfolg für mich.

Was war dein Schlüssel zum Erfolg? Wie hast du deine Ziele erreicht?

Ich formuliere jedes große Ziel sehr genau, mit vielen Details und oft auch einer konkreten Zeitschiene in meinem Tagebuch. Ich breche es in kleine Etappenziele und noch kleinere Schritte, die ich jeden

Tag machen kann, runter, überlege, was ich brauche, wer mir helfen könnte, wo ich mich informieren kann etc.

Außerdem mache ich, wenn mir etwas sehr wichtig ist, Meditationen und visualisiere, wie es sein wird, wenn ich es geschafft habe. Das hilft mir dabei, daran zu glauben, dass das, was ich mir vorgenommen habe, erreichbar ist. Besonders wenn es etwas ist, was mir im Hier und Jetzt schier unmöglich vorkommt.

Auf was hättest du gerne auf deinem Weg zum Erfolg verzichtet?

Spontan hätte ich gesagt, ich hätte mir gerne bestimmte schmerzhafte Erfahrungen erspart, aber langfristig gesehen, waren es gerade die, aus denen ich sehr viel gelernt und neue Kraft entwickelt habe. Jedes Erlebnis hat mich zu der gemacht, die ich heute bin. Ich würde nichts ändern.

Was sind deine Erfolgstipps?

Tagebuch schreiben und Meditation können die eigene Lebensqualität enorm steigern und sind in meiner Erfahrung echte Gamechanger, wenn es darum geht, Ziele zu erreichen. Sie kosten nichts und man kann beides jederzeit überall tun. Und sie können auch dabei helfen, Freundschaft mit der inneren Stimme zu schließen. Wir merken oft gar nicht, wie grob wir mit uns selber sind. Einen liebevollen Umgang mit sich selbst zu entwickeln, ist meiner Meinung nach entscheidend, um langfristig erfolgreich zu sein.

Jeannine Michèle Wacker

Die gebürtige Schweizerin war zuletzt ein Jahr lang Glinda in „Wicked" in der Neuen Flora in Hamburg. Sie stand als Scaramouche in „We Will Rock You" und als Lauren in „Kinky Boots" auf der Bühne. In der ARD

sah man sie als Clara in „Sturm der Liebe", in „Singularity" neben John Cusack als Calia und in der SRF-Webserie „Die Einstein-WG" als Bettina. Für den Kinofilm „Am Strand" lieh sie Saoirse Ronan ihre Stimme.
2021 erschien ihre EP „Ein theoretischer Liebesbrief" mit ihren eigenen Songs. Sie war Solistin bei diversen Konzerten, unter anderem in der Philharmonie Berlin. Sie spielte Sheila in „Hair", Janet in der „Rocky Horror Show", Serena in „Fame", Tonia in „Doktor Schiwago", Frau 1 in „Songs for a new world", Jerusha in „Daddy Langbein", Maggie in „Otello darf nicht platzen", Kiki in „Flashdance".

Jens Neumann – Creative Consultant, Brand Manager, Speaker

Foto: Martina Maske

Was bedeutet für dich Erfolg?

Erfolg bedeutet für mich, in einer Waage zu sein: Wie ist mein persönlicher Einsatz zu dem Resultat? Wie viel Opfer muss ich bringen (Zeit, Gesundheit etc.), um Erfolg zu haben?
Mir ist immer klarer geworden, dass ich nie satt am Erfolg war. Kennst du das? Du sagst dir: „Wenn ich das erreiche, dann ..." Und dann hast du dein Ziel erreicht und kannst es nicht genießen, weil du gleichzeitig auf dem Weg zum nächsten Erfolg hechtest. Das war lange Zeit bei mir so. Deswegen bedeutet für mich Erfolg, in einer Waage zu sein. Es darf eben nicht nur zu einer Seite ausschlagen. Eigentlich ist uns das allen bewusst, aber wir denken oft nicht daran: geben und nehmen.

Was war dein Schlüssel zum Erfolg? Wie hast du deine Ziele erreicht?

Vielleicht kennst du das auch: Du hast eine neue, geniale Idee oder eine Inspiration zu einem ganz bestimmten Thema. Und jetzt bist du dir sicher: Du wirst es angehen, sofort. Und dann holt dich der Alltag ein und du hast da immer noch diese Idee, die auf die Umsetzung wartet. Schuld daran ist deine Unentschlossenheit. Daher mein Tipp. Du musst dich der Sache ganz und gar verschreiben. Mit allem Herzblut und aller Leidenschaft. Und dann: Einfach machen. Das klingt einfach, aber ist der Schlüssel zum Erfolg. Leg los! Nicht warten. Nicht zaudern, nicht nachdenken. Es passiert dir auf dem Weg so vieles. Und du kannst nichts vorhersehen. Deswegen: Mach den ersten Schritt. Und dann den nächsten ...

Auf was hättest du gerne auf deinem Weg zum Erfolg verzichtet?

Tatsächlich nichts. Ich bin überzeugt davon, dass alles, wirklich alles einen Sinn hat und wir Erfahrungen machen müssen, um den nächsten großen Berg zu überwinden. Hätten wir die Erfahrung vom letzten Berg nicht gemacht, würden wir abstürzen.

Was sind deine Erfolgstipps?

Finde raus, was für dich Erfolg bedeutet, und dann lebe danach. Und es muss sich nach dir anfühlen. Vergiss alle Ratgeber der Welt und auch meine hier: Du bist ein anderer Mensch. Den einzigen Tipp, den ich dir geben möchte, ist: einfach machen. Und verliere dabei nie deine Leichtigkeit.

Jens Neumann

Jens Neumann hat 1993 mit der Euro-Dance-Band Mr. President eine der erfolgreichsten deutschen

Musikgruppen gegründet und als Manager auf dem Weg zum Weltruhm begleitet. Seine fachliche Expertise gilt aber vor allem der Videoproduktion: 1990 rief er seine Firma Jens Neumann Entertainment ins Leben; gründete 2012 mit ClipVilla die smarte IT-Lösung für automatisierten Video-Content und ist seit 2016 Inhaber von Playbook360, einer Agentur für die Konzeption, Produktion und Distribution von Marketingvideos.

Als Querdenker, Freigeist und Kreativer berät er Unternehmen zu multimedialem Storytelling. Als Trainer ist er unter anderem für die ARD/ZDF-Medien-Akademie tätig, als Dozent hält er Vorträge an den Universitäten in Bremen, Leipzig und Bochum und als Speaker ist er bereits für 121 Watt, Apple, Google sowie AIDA unterwegs gewesen; für Lipton Ice Tea und Lufthansa hat er aufmerksamkeitsstarken Content kreiert. Beim renommierten Format „Meet Magento" führt er seit fünf Jahren in Folge das Ranking der bestbewerteten Speaker an.

Thomas Mack, Dipl.-Hôtelier HF/SHL, geschäftsführender Gesellschafter Europa-Park

Foto: Europa-Park

Was bedeutet für dich Erfolg?

Für mich ist Erfolg, wenn unsere Gäste glücklich und zufrieden sind. Daran arbeiten wir sehr hart und intensiv. Unsere Familie zeichnet aus, dass wir nie stillstehen und Dinge immer wieder neu überdenken.

Es vergeht kein Tag, an dem wir nicht Bereiche verschönern, verbessern, neue Ideen entwickeln. Wir haben einen sehr hohen Qualitätsanspruch in jedem Bereich, von der Optik über die Sicherheit bis zur Sauberkeit. Alles muss jeden Tag tipptopp sein. Wir sind tagtäglich Dienstleister aus dem Herzen heraus für den Gast. Der materielle Aspekt des Erfolges kommt immer erst an zweiter Stelle.

Was war dein Schlüssel zum Erfolg? Wie hast du deine Ziele erreicht?

Es mag auf den ersten Blick altmodisch klingen: Unser Unternehmen ist fast 250 Jahre alt und über all die Jahre waren das Thema Fleiß, aber auch Bodenständigkeit und Wertschätzung gegenüber den Mitmenschen und natürlich unseren Mitarbeitern wichtig.

Mein Opa hat gesagt: „Du kannst nur ein Schnitzel essen." In diesem einfachen Satz steckt unglaublich viel drin. Der zweite wichtige Satz von meinem Großvater: „Erwarte nie etwas von deinen Mitarbeitern, was du nicht selbst bereit bist, zu tun." Vorleben ist bei uns Made by Mack.

Auf was hättest du gerne auf deinem Weg zum Erfolg verzichtet?

Auf Corona.

Was sind deine Erfolgstipps?

Immer dranbleiben. Nie aufgeben. Immer neugierig bleiben. Stillstand ist Rückschritt.

Thomas Mack

Thomas Mack wurde 1981 in Lahr geboren und wuchs in Rust auf. Er ist der Sohn von Roland Mack, Inhaber des Europa-Park, und seiner Frau Marianne. Von 2001 bis 2006 studiert er an der renommierten Schweizer Hotelfachschule in Luzern. Das Studium schloss er als Diplom-Hôtelier mit der besten Diplomarbeit seines Jahrgangs ab. Bereits in seiner Jugend sammelte er erste Erfahrungen im Familienbetrieb. So war er unter anderem in den Bereichen Attraktionen, Gastronomie, Hotel und Technik tätig. Auslandserfahrung sammelte er darüber hinaus in namhaften internationalen Freizeitparks wie Gardaland (ITA), Bush Gardens Williamsburg/VA (USA) und Warner Bros. Movie World/Queensland (AUS). Seit Mai 2016 ist Thomas Mack einer der geschäftsführenden Gesellschafter des Europa-Park und heute für die operative Leitung des Europa-Park, das Hotel Resort, die Gastronomie sowie die Bereiche Confertainment und Entertainment zuständig. Am 03. Februar 2020 zeichnete die ahgz – Allgemeine Hotel- und Gastronomie-Zeitung Thomas, Michael und Ann-Kathrin Mack mit dem begehrten Branchen-Preis „Hotelier des Jahres" aus. Mit dieser renommierten Auszeichnung werden herausragende Leistungen in der Hotellerie geehrt.

Marcel Reif – Freiberuflicher Sportjournalist

Foto: Sky

Was bedeutet für dich Erfolg?

Wenn ein Ziel, eine Aufgabe mit genau dem richtigen Aufwand und der nötigen Sorgfalt angegangen und vorbereitet wurde - und dann das gewünschte Ergebnis eintritt.

Was war dein Schlüssel zum Erfolg? Wie hast du deine Ziele erreicht?

Ehrgeiz, Wille, Sorgfalt, Seriosität, größtmöglicher Anspruch an mich selbst.

Auf was hättest du gerne auf deinem Weg zum Erfolg verzichtet?

Ehrlich gesagt: auf nichts. Und schon gar nicht auf die Niederlagen und Misserfolge – im Gegenteil: aus diesen habe ich am meisten gelernt.

Was sind deine Erfolgstipps?

Ehrgeiz und Wille, Freude an der Aufgabe, Sorgfalt und größtmöglicher Anspruch an sich selbst – aber auch zu wissen, was man nicht oder nicht so gut kann.

Marcel Reif

Nach seinem Publizistik-, Amerikanistik- und Politik-Studium begann er 1972 als freier Mitarbeiter im Ressort Politik für die „heute"-Nachrichten und das „heute Journal" beim ZDF. 1986 gab er sein Debüt als Fußballkommentator. Nach 22 Jahren im öffentlich-rechtlichen Fernsehen wechselte Reif 1994 zu RTL als Chef-Kommentator. Von 1999 bis 2016 arbeitete er als Chef-Kommentator beim Münchener Abo-Sender Premiere. Heute ist er als Experte für den Schweizer Pay-TV-Sender BLUE in der Champions League und in der Schweizer Super League sowie in Deutschland für BILD TV als Experte in der Sendung „Reif ist live" tätig. Reif wurde im Rahmen seiner langjährigen Tätigkeit schon mehrfach zum besten Sportkommentator Deutschlands gewählt und unter anderem mit dem Grimme-Preis, dem Deutschen und dem Bayerischen Fernsehpreis ausgezeichnet.

Dr. Pedro Gonzalez – promovierter Sportwissenschaftler und Trainer

Was bedeutet für dich Erfolg?

Erfolg ist für mich elementar. So wie ein Steinzeitmensch jeden Tag Beute erlegen musste, um zu überleben, bin ich jeden Tag erneut auf Erfolg ausgerichtet. Diese archaische Grundeinstellung ist die Basis aller meiner beruflichen Pläne und Trainingspläne.

Was war dein Schlüssel zum Erfolg? Wie hast du deine Ziele erreicht?

Der Schlüssel zu meinem Erfolg ist Strategie.
Der Mensch wurde so erfolgreich, weil er mithilfe einer selbst entwickelten Sprache Strategien entwickeln konnte. Mit einer Gruppentaktik konnte die Jagd erfolgreicher gestaltet werden. Der Schlüssel zum Erfolg ist für mich also immer eine Bestandsaufnahme: Wo stehe ich? Was genau ist das Ziel? Wie könnte der Weg dahin aussehen? Welche Mittel stehen mir zur Verfügung? Was ist der intelligenteste Mix aus Aufwand und Ertrag, um ein Ziel zu erreichen? Ich erreiche meine Ziele, indem ich diesen quasi wissenschaftlichen Prozess zunächst so akribisch wie möglich ausarbeite.

Anschließend stelle ich einen periodisierten Rahmen-Trainingsplan auf wie für einen Olympiaathleten:

zeitlicher Umfang, Intensität, Regeneration, Trainingsmethodik und Trainingsmittel.
Ich plane also ein geschäftliches Projekt genauso wie den Trainingsplan für meinen Ironman der in zwölf Monaten stattfindet. Die wöchentliche Zusammenfassung aller Daten, ob sportlicher Natur oder Businessdaten, gibt mir immer wieder einen aktuellen Status, nach dem ich sämtliche weitere Maßnahmen ausrichte.

Auf was hättest du gerne auf deinem Weg zum Erfolg verzichtet?

Ich hätte auf nichts auf dem Weg zum Erfolg verzichtet. Erfolg ohne Aufwand fühlt sich für mich nicht gut an. Wenn ich bei einem Ironman-Wettkampf nach über elf Stunden ins Ziel laufe, ist dieses Gefühl deswegen so besonders, weil ein Jahr harte Trainingsarbeit und zehn bis elf extrem harte Stunden gerade hinter mir liegen. Ich kann auch zwei Tage vor dem Wettkampf in Jeans die zehn Meter durch den Zielbogen laufen, ohne dass ich dafür etwas geleistet habe: Es ist natürlich nicht das gleiche Gefühl! Diese ganz besondere Leidensfähigkeit, die gerade im Leistungssport, aber eben auch im Geschäftsleben elementar ist, haben leider viele verwöhnten jungen Menschen nicht mehr. Per aspera ad astra!

Das Faszinierende am Ironman-Triathlon ist für mich, dass man seine Grenzen immer wieder neu ausreizen kann, auch wenn man schon seit über 30 Jahren Leistungssport macht. Diese Härte, diesen unbedingten Willen, diese Opfer, die man bringen muss, machen den Erfolg erst zu dem, was er ist: ein Differenzierungsmerkmal der Elite.

Was sind deine Erfolgstipps?

Mein Erfolgstipp ist, sich ganz genau aufzuschreiben, was man wirklich will. „Ich will abnehmen" ist kein Plan", „ich will alt werden" auch nicht. Ich möchte fünf

Kilo in fünf Wochen abnehmen und bin bereit, dafür diese circa 35.000 Kalorien zu 50 Prozent über einen geringeren Ernährungsinput von 500 Kalorien pro Tag zu leisten. Die anderen 50 Prozent respektive 17.500 Kilokalorien werde ich in 20 Stunden Training à 875 Kalorien verbrennen. Dazu muss ich eine Stunde bei 10,3 Km/h zwischen Puls 145 und 152 laufen.

Ich werde mich jeden Montag früh um 7:00 Uhr nüchtern auf die Waage stellen, das Gewicht notieren, meinen Bauchumfang messen und somit den Erfolg meines Projekts engmaschig kontrollieren. Ich habe keine Ausreden. Ich selber bin sozusagen mein Richter und Henker.

Ich möchte jeder Leserin und jedem Leser Folgendes mit auf den Weg geben: Nimm dir eine Stunde Zeit, ein Blatt Papier und einen Stift. Definiere dein Ziel so genau wie möglich, verwende so viel messbare Parameter wie möglich und scheue dich nicht vor großen Zielen! Je größer das Ziel ist, desto größer ist die Anziehung. Nur so kann ich eine entsprechend hohe Motivation entwickeln! Das Leben ist zu kurz für niederschwellige Ziele! Erstelle nun eine Matrix auf dem Zeitstrahl:

Was kann ich diese Woche erreichen?
Was kann ich in diesem Monat erreichen?
Was kann ich in diesem Jahr erreichen?
Was kann ich in meiner verbleibenden Lebenszeit erreichen?

Die besten Sportler der Welt funktionieren wie ein T3-Roboter: Das Ziel, Weltmeister zu werden, ist von Beginn an fest einprogrammiert. Was ist dein Ziel?

Dr. Pedro Gonzalez

Dr. Pedro Gonzalez ist promovierter Sportwissenschaftler vom Institut für Sportmedizin der Universität Hamburg. Seine Doktorarbeit handelte von den antiquierten Trainingsmethoden in der 1. Fußball-Bundesliga in Deutschland. „Sportmedizin und Konditionstraining in der 1. Fußball-Bundesliga in Deutschland" – hierzu reiste er durch die NFL, nach Brasilien zum Spitzenclub Flamengo Rio de Janeiro, zum FC Barcelona und tauschte sich mit Experten wie Mark Verstegen aus. Dr. Gonzalez leitet seit vielen Jahren das Sports Performance Institute GmbH mit Niederlassungen in Hamburg und auf Mallorca. Neben dem Athletik-Training für Profisportler ist er als Keynote Speaker für Medical Health für Sportverbände und Unternehmen im Einsatz. Seit 2015 hat er acht Ironman-Wettkämpfe erfolgreich bestritten, unter anderem in Deutschland, Spanien, Frankreich und Mexiko. Mit dem FC St. Pauli gelang ihm innerhalb von vier Jahren der Durchmarsch von der 3. Liga in die Fußball Bundesliga. Er arbeitete als DFB-Konditionstrainer mit Fußball-Weltmeistern und Champions-League-Siegern wie Toni Kroos, Thomas Müller und Mats Hummels zusammen.

Kevin Fehling – Drei-Sterne-Koch, Geschäftsführer „The Table Kevin Fehling"

Foto: René Riis

Was bedeutet für dich Erfolg?

Erfolg bedeutet für mich Sicherheit – das ist für mich das Allerwichtigste. Ich verbinde Erfolg mit eigenem Einsatz – auf mich bezogen ist es das Kochen, was ich liebe. Wenn man Erfolg hat, ergeben sich Dinge wie die finanzielle Situation von selbst. Das, was ich lebe und liebe, wird bestätigt durch Erfolg. Erfolg bedeutet die Bestätigung des eigenen Tuns!

Was war dein Schlüssel zum Erfolg? Wie hast du deine Ziele erreicht?

Den 1. Stern zu erkochen, war ein Drahtseilakt. Als ich es geschafft hatte, war es wie eine Befreiung. Es war ein Leben lang mein Ziel, ähnlich wie im Sport die olympische Medaille.

Der Schlüssel zum Erfolg war Vertrauen in die eigene Kreativität. Kochen ist für mich Timing und Leidenschaft. Vertrauen in die eigene Kreativität ist das Größte. Ich war zu meiner Zeit im „La Belle Epoque" (Columbia Hotel Casino Travemünde) zwei Jahre lang Hoffnungsträger für einen Eintrag im Guide MICHELIN, das hat mich motiviert. Meine Devise lautet: Wenn jemand mir zwei Jahre lang den zweiten Stern zutraut, dann kochen wir jetzt nicht zwei, sondern drei Sterne!

Auf was hättest du gerne auf deinem Weg zum Erfolg verzichtet?

Auf Corona. Ich war immer erfolgsverwöhnt, dann kam Corona, das Restaurant musste geschlossen werden – es war für mich eine kreative Bestrafung. Ich musste mich auf einmal mit Aufgaben beschäftigen wie Homeschooling etc., die man mit seinem eigenen Perfektionismus nicht bewerkstelligen kann, denn bisher lief meine Karriere aalglatt.

Was sind deine Erfolgstipps?

Wenn man zu ehrgeizig ist, steht man sich selbst oft im Weg. Ich hatte während meiner Zeit bei Harald Wohlfahrt einiges gelernt: Zum Beispiel was es heißt, 16 Stunden am Stück in der Küche zu stehen, aber auch, dass Blockaden entstehen können, wenn man zu viel Respekt hat. Die Leichtigkeit fehlt.

Mein Tipp: Hab dein Ziel klar vor Augen! Außergewöhnliche Dinge sind nur umsetzbar, wenn man selbst daran glaubt. Gib alles! Der eigene Ehrgeiz und der Glaube daran machen Erfolg aus. Glaub an dich selbst, arbeite dafür und verfolge deine Ziele!

Kevin Fehling

Kevin Fehling absolvierte in Delmenhorst im Hotel Thomsen eine Ausbildung zum Koch. Mit diesem Schritt nahm sein Senkrechtflug, hoch zu den Sternen des Gourmethimmels, seinen Lauf. Heute gilt er als einer der versiertesten Köche des Landes. Seine Rezepturen und Kreationen versprechen nicht nur Einfallsreichtum, sondern spiegeln außergewöhnliches Talent und richtungsweisende Kreativität. Bereits drei Jahre nach Abschluss seiner Ausbildung im Jahr 1997 arbeitete er erstmalig als Küchenchef im Restaurant Venezia der MS Europa. Seit 2005 bereicherte er das „La Belle Epoque" im Columbia Hotel Casino Travemünde an der Ostseeküste mit seinem Können. Kevin Fehling verwandelte den verträumten Ostsee-Kurort zu einem Mekka für Gourmet-Touristen aus aller Welt. Schon im Jahr 2008 verliehen ihm die Testesser des Guide Michelin den ersten Stern, im Jahr 2011 den zweiten und im Jahr 2013 den dritten, den er bis heute halten kann - damit wurde er Teil des elitären Kreises der besten Köche Deutschlands. Im August 2015 eröffnete Kevin Fehling „The Table" in der Hamburger Hafencity und erkochte sich im ersten Jahr auf Anhieb seine drei Sterne zurück.

Die Erfolgsgeschichten aus den Medien, der Wirtschaft, Politik, Sport, Kunst und Kultur haben alle eines gemeinsam: Es ist nicht der Erfolg, der einen erfolgreich macht, sondern der Weg dorthin schreibt die Erfolgsgeschichten. Bis auf Neid und Missgunst, gibt es nichts, was die erfolgreichen Menschen bereuen, denn durch die Fehler, die sie selbst gemacht haben, sind sie gewachsen und haben daraus gelernt. Diese Erfahrung möchte niemand missen. Wer erfolgreich sein will, sollte sich stets treu bleiben, es für sich tun, hart für seine Ziele arbeiten und es einfach machen!

Kapitel 8

Erfolg und Glück

„Nicht Erfolg ist der Schlüssel zum Glück, sondern Glück ist der Schlüssel zum Erfolg. Wenn du gerne tust, was du tust, wirst du auch erfolgreich sein."
Albert Schweitzer

Macht Erfolg glücklich? Die Antwort hierauf lautet: Nein. Aber wer glücklich ist, wird auch erfolgreicher und schöpft sein Potenzial voll aus. Zu dieser Erkenntnis gibt es bereits Forschungsergebnisse vom renommierten amerikanischen Glücksforscher Shawn Achor. Seit Jahren beschäftigt er sich mit dieser Frage und stellte einen Denkfehler fest. Die meisten Menschen gehen davon aus, sie könnten erfolgreicher werden, indem sie härter arbeiten. Grundsätzlich ist es richtig, Energie auf Erfolg zu lenken und dafür zu arbeiten. Doch was noch viel wichtiger ist und das sind die Ergebnisse der Studie: Wer glücklich ist, dessen Gehirn ist um bis zu 31 Prozent produktiver als das Gehirn in einem neutralen oder negativen Zustand.

Das bedeutet: Wir werden nicht glücklicher, indem wir erfolgreicher werden. Wir müssen das Glück erreichen, um Erfolg zu erlangen. Wenn wir es schaffen, ist die Intelligenz höher, die Kreativität verstärkt sich und unser Energielevel steigt an, so Achor. Der Glückforscher stellt fest, dass viele von uns einem Irrtum hinterherjagen, der nie die Sehnsucht nach wahrem Glück stillen kann. Er fand zudem heraus, dass Verkäufer*innen ihre Leistung um 37 Prozent steigerten im glücklichen Zustand. Das lässt uns zu dem Fazit kommen: Arbeite für deine Ziele und sorge parallel dafür, dass du stets auf dem Weg glücklich bist!

Glück ist etwas ganz Individuelles. Jeder Mensch nimmt die Realität anders wahr – es ist eine subjektive Wahrnehmung. Wenn wir unsere Realität selbst erschaffen, dann gilt dies auch für das Glück. Es ist unsere Aufgabe, das Gehirn auf Glück zur programmieren.

Horch einmal in dich hinein, was dich wirklich glücklich macht. Die meisten von uns nennen als Antwort auf diese Frage die Familie, Gesundheit und Freiheit als Antwort. Und dann überlegen wir, ob wir wirklich tun können, was wir möchten. Fühlen wir uns wirklich frei? Oder bewegen wir uns mehr in einem Hamsterrad, als das Leben zu genießen? Was kannst du tun, um glücklicher zu werden? Vielleicht etwas, das deinem Herzenswunsch entspricht. Vielleicht etwas Gutes tun. Vielleicht mehr Verantwortung übernehmen. Vielleicht eine Aufgabe übernehmen, die dir auch im Außen Anerkennung gibt. Hier schließt sich der Kreis – alles fließt am Ende in den großen See der Lebensfreude ein und macht dich erfolgreich.

Die Dauer des Erfolgs

Sind wir ein Leben lang glücklich, wenn wir unser Ziel erreicht haben? Nein, wie die italienischen Ökonomen Marco Bertoni und Luca Corazzini in einer zwölf Jahre dauernden Forschung mit über 20.000 Teilnehmer*innen herausfanden. Erfolgreiche

Menschen sind nicht auf Dauer zufrieden, denn die Freude über die erreichten Ziele hält nicht lange an. Der sogenannte Referenzpunkt verschiebt sich und es entsteht neue Unzufriedenheit. Man könnte auch sagen, die Messlatte liegt höher. Ich kenne das von mir selbst im Sport. Der Ironman ist gefinisht, man hat sich den Traum erfüllt und schon wenige Wochen später überlegt man, wie man das Ganze toppen könnte. Kaum haben wir etwas erreicht, setzen wir uns neue, höhere Ziele.

Die Forschung ergab außerdem, dass Menschen, die ihre Ziele nicht erreichen, signifikant unzufriedener sind. Es sei der Graben zwischen Wunsch und Wirklichkeit, der unzufrieden macht, so Bertoni und Corazzini.

Beruflicher Erfolg ist nicht alles. Die Annahme, dass Menschen nur um des Geldverdienens willen einen Job haben, habe in eine Arbeitswelt geführt, in der Menschen sich nur noch über Geld motivieren können. Aus der Vorstellung heraus, dass der Mensch auf Erfolg und Profit ausgelegt ist, wurde ein System geschaffen, das Geld und Belohnen bei der Arbeit in den Vordergrund stellt. Das hat zur Folge, dass fast 90 Prozent von ihrer Arbeit frustriert sind. Der Unternehmer Tony Hsieh hat in seinem Unternehmen das Modell „Delivering Happiness" eingeführt. Er geht zuerst über Glücklichsein bei Kund*innen und Mitarbeiter*innen. Das soll dann zum Erfolg führen. Und seine Arbeitsweise und sein Konzept sind erfolgreich.

45 Millionen Amerikaner*innen haben 2021 ihren Job gekündigt. Der Begriff „The Great Resignation" bezeichnet die große Welle von freiwilligen Kündigungen, die den US-amerikanischen Arbeitsmarkt seit 2021 trifft und die sich auch in den deutschsprachigen Ländern immer weiter ausbreitet. Immer mehr Arbeiternehmer*innen fragen nach dem Sinn, wollen sich mit dem Unternehmen identifizieren und folgen ihrer Leidenschaft. Geld nimmt dabei immer mehr eine zweitrangige Rolle ein. Die höchste Kündigungsrate liegt laut HR-Experte Ian Cook bei Beschäftigten zwischen 30 und 45 Jahren mit mehr als 20 Prozent Anstieg der Kündigungsrate.

Im Rahmen von Achors Forschungen hat sich ergeben, dass äußere Lebensumstände eines Menschen nur zehn Prozent des Langzeitglücks bestimmten. Die verbleibenden 90 Prozent finden ausschließlich im Gehirn statt. Interessant ist seine Erkenntnis, dass Erfolg nicht zu Langzeitglück verhilft.

Macht Geld uns glücklich? Mehr Geld im Leben zu besitzen, macht nur bedingt glücklich. Denn sind die Grundbedürfnisse erst einmal befriedigt und die Grundkosten für ein sorgenfreies Leben gedeckt, steigt mit der Zunahme an Geld nicht automatisch der Zustand des Glücksempfindens. Es kommt ganz darauf an, was mit dem Geld passiert, wie eine Forschergruppe der Harvard Universität herausfand. In 120 von 136 Ländern kamen sie zu dem Ergebnis, dass Menschen glücklicher sind, wenn sie Geld für andere ausgeben. Das ist sicherlich auch der Grund, weshalb wir so gerne anderen eine Freude bereiten und schenken. Es macht uns glücklich. Zu diesen

Ergebnissen kam die Forschergruppe bei ihren Studien in Kulturen rund um den Erdball. Wir können dadurch verallgemeinern, dass weltweit Personen, die sich an Situationen erinnern, in denen sie anderen eine Freude bereitet haben, glücklicher waren, als wenn sie sich an den Moment erinnern, als sie etwas für sich kauften. Die Resultate der Studien zeigen, dass es positive Auswirkungen auf unser Wohlbefinden hat, wenn wir anderen etwas geben. Wenn du etwas Gutes für dich selbst tun möchtest, gib mehr Geld für andere aus. So kann dich Geld glücklich machen!

Wie sieht es denn mit dem Gehalt aus? Macht mehr Gehalt glücklich? Der Wirtschaftsnobelpreisträger Daniel Kahnemann und der Professor für Wirtschaftswissenschaften Angus Deaton aus Amerika haben dazu eine Studie durchgeführt und kamen zu dem Ergebnis, dass das Glück wächst, wenn das Jahreseinkommen bis 60.000 Euro netto steigt. Das Glücksempfinden ist besonders stark, wenn sich das Gehalt von 15.000 Euro auf 30.000 Euro netto verdoppelt. Im Vergleich dazu sind die Menschen bei einem Gehaltssprung von 30.000 auf 60.000 Euro netto zwar glücklicher, dennoch steigt das Glücksempfinden in diesem Einkommensbereich weniger stark an. Ab einer Gehaltssumme von 60.000 Euro sinkt die Zufriedenheit, was damit begründet werden kann, dass Top-Verdiener meist weniger Freizeit und dafür mehr Stress haben. Außerdem findet eine Art Sättigung statt. Weitere Studien wie die sogenannte „Gallup World Poll" vom Markforschungsinstitut Gallup bekräftigen dies. 1,7 Millionen Menschen aus 164 Ländern nahmen an dieser Studie Teil. Für Westeuropa wurde herausgefunden, dass man bei einem Bruttolohn von 81.270 Euro die höchste Zufriedenheit erfährt (Quelle: Welt, 16. Februar 2018). Auch ich kann bestätigen, dass Geld auf meine Stimmung einen großen Einfluss hat. Warum? Weil Geld auch eine Form von Sicherheit für mich ist. Getreu der Maslowschen Bedürfnishierarchie (sozialpsychologisches Modell des US-amerikanischen Psychologen Abraham Maslow [1908–1970]), wird durch die finanzielle Absicherung das Körper- und Sicherheitsbedürfnis erfüllt. Es gibt Menschen, denen ist Geld egal. Jeder geht anders mit dem Thema um und du solltest dich nun fragen, welchen Stellenwert finanzielle Mittel in deinem Leben einnehmen und ob Geld dir Halt gibt oder dich gar belastet.

Was macht uns außerdem glücklich? Was macht ein gesundes und glückliches Leben aus? Zu diesen Fragestellungen startete 2019 eine Studie mit 268 männlichen Probanden. Zu Beginn der Untersuchung gaben die meisten an, nach Erfolg, Geld und Berühmtheit zu streben. Doch es waren nicht die erfolgreichsten, reichsten und berühmtesten Teilnehmer am glücklichsten. Es waren diejenigen, die positive Beziehungen in ihrem Leben haben. Es ging dabei nicht um die Anzahl an Beziehungen, sondern um die Qualität. Die Beziehungen zu den Mitmenschen ist demnach ausschlaggebend, ob man glücklich ist. Dies bestätigen auch die Ergebnisse der YouGov-Studie aus dem Jahr 2019 zum „Tag des Glücks". Zwei von drei Deutschen (circa 66 Prozent) gaben an, dass sie momentan glücklich sind (Quelle: Die Welt, 16. Februar 2018). Wenn man nach den bedeutendsten Glücksmomenten fragt, werden Situationen wie das Kennenlernen des Partners, die Geburt des eigenen

Kindes oder ein besonderes Erlebnis wie eine Reise genannt. Glück und Zufriedenheit werden in der Gesellschaft immer wichtiger. Für ein zufriedenes Leben benötigst du also ein Ziel, eine sinnvolle Arbeit und die soeben angesprochenen engen Beziehungen. Die Zeiten, in denen teure Autos und große Häuser als Statussymbole galten, sind vorbei. Ich selbst kann dies nur bestätigen und zähle meinen Heiratsantrag, die Hochzeit und das Finishen des Ironman 2018 zu meinen größten Glücksmomenten. Dies sind alles Dinge, die man nicht kaufen kann.

Sei dankbar für das, was in deinem Leben passiert. Dankbarkeit ist eines der stärksten Emotionen, die uns glücklich machen können. Ich habe mir angewöhnt, nicht nur im Inneren, sondern gerade im Außen Dankbarkeit zu zeigen und meine Mitmenschen wertzuschätzen. Lob ist an dieser Stelle sehr wichtig und sorgt nebenbei für ein gutes Betriebsklima. Unser Gehirn zieht daraus das Bewusstsein, dass wir etwas füreinander tun und einen Zweck erfüllen. Shawn empfiehlt sogar, jeden Morgen einem Menschen als Erstes eine Dankes-E-Mail zu schreiben. Schau, welche Form der Dankbarkeit dir am meisten zusagt, und probiere diese aus!

Eine Sache darf beim Thema Glück nicht außer Acht gelassen werden: die Selbstreflexion. Es ist wichtig, dass du für dich von innen heraus das Glück empfindest. Da viele Faktoren zu deinem persönlichen Glück beitragen, finde ich es legitim, wenn du auch äußere Dinge wie Materielles mit einfließen lässt, um dein Leben schöner zu machen. Sei dir aber immer bewusst: Wenn du nur durch Shopping und andere äußerliche Dinge Glück empfindest, ist es an der Zeit, dies zu hinterfragen. Ich möchte dir nicht zu nahetreten, aber vielleicht ist es eine Kompensation im Außen, da dir innerlich etwas fehlt. Die eben von mir genannten Dinge lösen im Regelfall nur auf eine bestimmte Zeit Glücksgefühle aus. Ein schönes Beispiel hierfür ist der Verzehr von Schokolade. Du lässt die Schokolade auf der Zunge zergehen und empfindest ein kurzes Glücksgefühl. Langfristiges Glück empfindest du hier leider nicht.

Vielleicht fragst du dich nun auch, wie du es schaffen kannst, das innere Glück zu finden? Die Antwort ist simpel: Selbstreflexion. Der Weg dorthin kann sich allerdings alles andere als leicht darstellen. Manch einer sucht sein Leben lang nach dem Glück. Wichtig ist, dass du dir die Zeit nimmst, dein Leben und dein Verhalten zu hinterfragen. Da Glück eine Einstellungssache ist, ist es wichtig, die Wahrnehmung der Realität mehr in das Positive zu verlagern. Positive Denkweisen sind stärker als unsere DNA. Es gibt keine Tendenzen, die zeigen, dass bestimmte Gene oder Umstände einen konkreten Einfluss hätten.

Regelmäßige Gedankenhygiene schafft neue Strukturen in unserem Gehirn. Jeder von uns ist in der Lage, seine Einstellung zu ändern. Du kannst einfach bestimmen, ab jetzt alles positiver zu betrachten. Sicherlich wirst du in alte Muster zurückfallen. Nutze das Potenzial, dass du immer wieder die Entscheidung „glücklich zu sein" treffen kannst. Unser Gehirn arbeitet in einem positiven Zustand produktiver, kreativer, resilienter und sogar intelligenter. Um deine Wahrnehmung der Realität zum Positiven zu verändern, möchte ich dir fünf wirkungsvolle Strategien für ein positives Mindset mit auf den Weg geben, die Professor Shawn Achor formulierte:

1. Schreibe jeden Tag mindestens drei neue Dinge auf, für die du dankbar bist.

2. Halte jeden Tag ein positives Erlebnis der letzten 24 Stunden in deinem Tagebuch fest.

3. Baue kleine Gesten der Freundlichkeit in deinen Alltag gegenüber Mitmenschen ein.

4. Treibe Sport, um deinen Körper und deinen Geist in Einklang zu bringen und die Ausschüttung von Glückshormonen zu aktivieren.

5. Übe dich in Meditation, um dein Gehirn zur Ruhe zu bringen und dich auf das neue Lebensgefühl einlassen zu können.

Mit diesen Tipps können wir unser Denken umprogrammieren. Es bedarf in der Regel 21 Tage, bis das Gehirn auf das Positive fokussiert ist. Mit dieser neuen glücklichen Einstellung steht deinem Erfolg also nichts mehr im Wege!

Kapitel 9

Erfolgsblockaden

„Das Geheimnis des Erfolgs ist anzufangen."
Mark Twain

Du hast in diesem Buch erfahren, wie du erfolgreich wirst. Und dennoch gibt es immer wieder Stationen im Leben, wo wir gerne erfolgreich wären, es aber dennoch nicht sind. Was sind die Gründe dafür? Fangen wir mit der größten Blockade an: Angst. Du fragst dich beruflich oder privat, was du falsch machst und stellst immer wieder fest: nichts. Das Fatale ist, dass die Ängste, die uns behindern, oft schwer erkennbar sind. Das hängt zum einen damit zusammen, dass wir uns unsere Ängste selbst nicht eingestehen wollen. Manchmal scheinen diese, nüchtern betrachtet, banal und lächerlich. Sie werden von uns nicht als die wahren Erfolgsblockaden wahrgenommen.

Die größte Angst, die uns daran hindert, erfolgreich zu sein, ist die Angst, nicht gut genug zu sein. Perfektionismus ist eine Erfolgsblockade ersten Ranges. Wer diese Angst in sich spürt, versucht, anstatt loszulegen, erst einmal viel Zeit zu vergeuden, es besser zu machen. Vergiss perfekt sein zu wollen – wie du ja weißt, gehören Fehler im Leben dazu und sie haben das Potenzial, dass du daraus lernst.
Eine weitere Angstblockade ist die Angst vor einem „Nein". Gerne führt diese Blockade im Verkauf dazu, dass Verkäufer*innen zwar ihr Bestes geben, aber den

Kunden nicht zu fragen wagen, ob er oder sie denn kaufen will. Es überwiegt die Angst vor einem „Nein" und somit wird nicht aktiv ein Vertragsabschluss herbeigeführt. Viele potenzielle Käufer*innen verunsichert diese Situation. Sie warten und überlegen und kaufen dann bei der Konkurrenz. Im beruflichen Kontext taucht häufig die Angst vor großen Zahlen auf. Schreib dir auf die Stirn: Wer klein denkt, kann keine großen Geschäfte machen! Häufig werten wir uns selbst ab, weshalb es wichtig ist, seinen Wert zu kennen.

Gerade in der Selbstständigkeit möchte ich dir ans Herz legen, deinen Wert zu kennen. Vor ein paar Jahren mit weniger Erfahrung habe ich mich häufiger preislich runterdrücken lassen, heute sage ich lieber einmal mehr „Nein". Am Ende wird es schwieriger, im Dumpinggeschäft auf hohe Jahresumsätze zu kommen, als einmal mehr abzulehnen. Die Kund*innen, die bereit sind, deinen Preis zu zahlen, behandeln dich in der Regel auch respektvoller und wissen dich und deine Arbeit zu schätzen! Es ist keine Schande, gut zu verdienen. Oft passiert diese Selbstsabotage unbewusst, da wir bereits in der Kinderstube negative Glaubenssätze in Verbindung mit Geld gehört haben.

„Die Reichen", „Reichtum" und „Geld verdienen" gehen häufig mit negativen Gefühlen einher. Lege diese Glaubenssätze ab - selbst wenn für dich Geld keinerlei Bedeutung hat, handle und verhandle nach deinem Wert. Das Geld, das du selbst nicht brauchst oder empfangen möchtest, kannst du für karitative Zwecke einsetzen. Spende regelmäßig, beteilige dich an Schulprojekten im Ausland oder tu Menschen etwas

Gutes, die nicht auf der Sonnenseite des Lebens stehen. Du wirst sehen, dass dir diese Handlungen Energie geben. Du weißt ja, es tut gut zu sehen, wie wir andere Menschen glücklich machen!
Vielleicht siehst du dich selbst bei der nächsten Erfolgsblockade wieder: der Angst vor Veränderung. Wir lieben die Abwechslung und wollen immer Neues erleben, doch wenn es darum geht, Veränderungen in die Tat umzusetzen, scheuen wir uns davor. Denn etwas Neues zu beginnen, bedeutet, das Alte loszulassen. Das fällt uns oft schwer. Daher gilt: Raus aus den alten Schuhen!

Eine Grundvoraussetzung für Erfolg ist, sichtbar zu sein. Das hast du bereits mit meiner Empfehlung zu netzwerken erfahren. Mit zunehmender Sichtbarkeit wächst die Gefahr, kritisiert zu werden. Viele von uns haben Angst vor der Kritik, sei sie nun gerechtfertigt oder nicht. Gerade in Zeiten von Social Media erlebe ich immer wieder, dass Influencer sich selbst nicht mehr der Kritik stellen wollen und daher die Themen, die zu Kritik führen, umgehen. Ich denke, es ist besser, Kritik zu erhalten als gar kein Feedback. Denn zum einen bedeutet es, man ist dem anderen wichtig und nicht uninteressant, und zum anderen kannst du diese Kritik nutzen, um an dir zu arbeiten.

Es gibt noch weitere Erfolgsblockaden wie zum Beispiel die Angst, vor Menschen zu sprechen, oder die Angst, einen geliebten Menschen zu verlieren. Sollten diese Ängste dich gravierend auf deinem Weg zum Erfolg behindern, arbeite daran und überwinde sie.
Und so seltsam es im ersten Moment erscheint, manch einer hat Angst vor Erfolg. Es ist vielen von uns nicht

bewusst und hat meist mit dem eigenen „erfolglosen Selbstbild" zu tun. Wenn es zu einer Veränderung kommt, du erfolgreich wirst, würde es nicht mehr deinem Selbstbild entsprechen und du dir selbst untreu werden. Ich finde es daher wichtig, sich immer wieder zu visualisieren wie ist es, wenn ich erfolgreich bin. Wie will und werde ich mich verändern? Wie wird sich mein Umfeld vielleicht verändern? Die Beantwortung dieser Fragen ist gleichzeitig eine Visualisierung und sie wird dir helfen, dir die Ängste vor Veränderung zu nehmen.
Neben den Erfolgsblockaden gibt es auch Krisen, die sich oft als Teufelskreislauf darstellen. Wie schaffen wir es aus der Krise heraus?

Der Umgang mit Krisen

Damit du erfolgreich durch eine Krise kommst, gebe ich dir drei grundlegende Dinge mit auf den Weg:

1. Hab keine Angst vor der Krise!

2. Sei flexibel!

3. Nimm das an, was dir entgegengebracht wird!

Hab Vertrauen, dass man sich nicht nur auf seine Kernkompetenz beschränken muss. Probiere Neues aus!

Beim Wort „Krisenmanagement" stößt man zunächst auf Themen wie Krisenmanagement in Unternehmen und Krisenmanagement in der Wirtschaft. Ich möchte mich in diesem Kapitel auf das persönliche Krisenmanagement beschränken, da wir an deiner eigenen Persönlichkeit arbeiten und es um meine Erfolgstipps geht.

Wie erwähnt, gehören Krisen zum Leben dazu. Jeder von uns steckte schon einmal in einer Krise. Sei es eine berufliche Krise oder eine Lebenskrise oder ähnliches. Da sich der Mensch aus evolutionsbiologischen Gründen nur ungern Veränderungen aussetzt, zwingt dich eine Krise zur Neufindung der eigenen Person. Du musst das gewohnte Sicherheitsnetz der Routinen verlassen. In diesen Krisensituationen, mit denen häufig auch Krisenkettenreaktionen einhergehen, ist ein Austausch mit Freund*innen und der Familie wichtig, da sie in diesen Zeiten Rückhalt und Sicherheit bieten. Du weißt, dass ich eine Freundin des Positiven bin.

Negativem setzt du idealerweise bewusst Positives entgegen, beispielsweise durch die Erinnerung an Situationen und Herausforderungen, die du in der Vergangenheit mit Bravour bewältigt hast. Vielleicht hilft es dir auch, dich mit den schönen Dingen des Lebens zu umgeben: Wie wäre es zum Beispiel mit toller Musik? Oder einem leckeren Essen mit einem guten Wein? Vielleicht hilft dir auch der Sport aus der Krise.

Wenn du Abstand von der Krisensituation gewinnen willst, können dir auch meditative Entspannungstechniken helfen. Wichtig ist dabei, dass du deinen Geist beim Meditieren auf Loslassen programmierst und nicht gegen das Eingetretene ankämpfst. Damit vergeudest du lediglich wertvolle Energie. Du musst tief in dich hineinhorchen und Antworten finden.

Dass wir aus einer Krise gestärkt, neu formatiert herausgehen können, zeigen die Folgen aus der Weltwirtschaftskrise von 1928. In den USA entstand zu dieser Zeit ein neuer gesellschaftlicher Kontrakt. Im sogenannten „New Deal" wurden die Balancen zwischen Wirtschaft, Gesellschaft und Politik neu bestimmt. Das Ziel war ein Wohlstands- und Fortschritts-Modell, das sich mehr als ein halbes Jahrhundert als äußerst erfolgreich erwies und die Welt veränderte. Auch die Corona-Krise verändert unsere Welt und diese Veränderungen werden auch Positives bewirken. Obwohl es unterschiedliche Formen der Krise gibt und auch die Umstände vielfältig sind, so ist der Weg aus der Krise stets derselbe: Fokussiere dich auf die Möglichkeiten und Lösungen. Sei offen für Neues, nimm Herausforderungen und Chancen an und frage dich stets im Innersten, was du wirklich willst.

Komm ins Handeln. Oftmals warten wir zu lange bis wir die Dinge angehen. Es liegt in unserer Verantwortung, Ziele zu erreichen. Je früher du beginnst deine Ziele zu verfolgen, desto eher wirst du sie erreichen.

Verliere nie dein Ziel aus den Augen! Ich stelle immer wieder fest, dass wir häufig von unseren Zielen abgelenkt werden. Ich frage dich an dieser Stelle: Was bringen dir die größten Ziele, wenn du diese nicht bis zum Ende verfolgst? Auch wenn das Ziel ein wenig weiter entfernt zu sein scheint, bleibe am Ball und verliere das Ziel nicht aus den Augen. Menschen scheitern häufig, weil sie die falschen Ziele verfolgen, weil sie anderen Menschen wie der Familie oder dem Chef beweisen wollen, dass sie es können. Sie scheitern am Ende, weil sie Ziele verfolgen, die nicht ihre eigenen sind. Deswegen ist es so wichtig, dass du dein Ziel definierst, das du dir ganz bewusst - tief im Herzen - vorgenommen hast.

Sei selbstdiszipliniert! Schiebst du gerne unangenehme Aufgaben vor dir her? Bist du häufig unpünktlich? Dann gilt es, diese Gewohnheiten abzulegen, denn sie können deinem Erfolg im Weg stehen. Nur wer die nötige Willensstärke mitbringt, schlechte Gewohnheiten abzulegen, kann seine Ziele langfristig verfolgen.

Nimm die Dinge selbst in die Hand! Ein bekanntes Sprichwort lautet: „Wer sich auf andere verlässt, der ist verlassen." Gehe nicht davon aus, dass jemand anderes dich den gesamten Weg zum Erfolg trägt. Du kannst zwar von deinem Netzwerk profitieren und dich unterstützen lassen, die Dinge solltest du allerdings selbst in die Hand nehmen.

Kapitel 10

Mein Erfolgsrezept

„Der Preis des Erfolgs ist Hingabe, harte Arbeit und unablässiger Einsatz für das, was man erreichen will."
Frank Lloyd Wright

Dieses Zitat beschreibt meinen persönlichen Erfolg. Denn wenn man mich heute fragt, was mich erfolgreich gemacht hat, dann ist es zum einen ein unermüdliches Durchhaltevermögen, das ich auch durch den Sport gelehrt bekommen habe, und zum anderen meine Leidenschaft zum Beruf. Ich werde immer wieder gefragt, wie ich alles im Leben geschafft habe. Und dafür gab es neben den allgemeinen Erfolgstipps, die du ja bereits kennst, meine Grundeinstellung: Einfach machen!

Ich lebe das „einfach machen" durch und durch und es hat mich schon oft zum ersehnten Erfolg gebracht, da man oft schneller ist als andere. Natürlich birgt es auch ein gewisses Risiko mit sich, denn wie du ja bereits weißt, sollst du bewusst Entscheidungen treffen.

Es ist demnach eine Gratwanderung, die ich immer wieder gehe - den Spagat zwischen „Bewussten Entscheidungen" und „einfach machen" hinzubekommen, damit das Ganze in einem Erfolg mündet. Sei mutig, ein Start-up zu gründen, habe den Mut, einfach deinen Traum zu leben, auch, wenn dein Umfeld dir vielleicht Skepsis entgegenbringt. Hier möchte ich ein paar Beispiele aus meinem Leben schildern, die sicherlich auch deshalb in Erfüllung gingen, weil ich nicht viel hinterfragt habe, sondern sofort zur Tat geschritten bin.

Das erste Beispiel ist mein Studium der Amerikanistik und Sportwissenschaften, das ich 2015 mit dem Bachelor of Arts abgeschlossen habe. Zu Beginn meines

Studiums hat niemand daran geglaubt, dass ich es zeitlich überhaupt schaffe, ein Vollzeitstudium und meine Selbstständigkeit parallel durchzuführen. Meine Devise lautete, einfach anfangen und mir die Zeit nehmen, die ich brauche. Und meine Taktik „einfach machen" ging auf.

Mein zweites Beispiel ist die Teilnahme beim 100-Kilometer-Biel-Lauf. Natürlich habe ich mich mental auf den Wettkampf vorbereitet und auch körperlich darauf

hintrainiert. Aber mehr als 42,195 Kilometer war ich im Vorfeld nie gejoggt. Ich habe es einfach probiert und habe tatsächlich dank meiner mentalen und körperlichen Stärke die 100 Kilometer bewältigt. Am Ende wurde ich sogar Erste in meiner Altersklasse W30. Ich glaube, es haben nicht viele daran geglaubt, dass ich überhaupt ins Ziel laufe.

Bei meiner Teilnahme am Ironman 2018 in Hamburg und am Transalpine Run 2019, war es ähnlich. Ich muss ehrlich eingestehen, dass ich natürlich auch immer ein Fünkchen Angst habe, zu versagen, mich zu verletzen etc. Das ist menschlich! Aber grundsätzlich gilt für mich: Einfach machen.

Als letztes Beispiel nenne ich mein erstes Immobilien-Investment nennen. Wie oft wurden mir damals Steine in den Weg gelegt, als ich eine große Kreditsumme für mich beanspruchen wollte.

Natürlich hätte ich in dem Moment, in dem mir eine Bank zugesagt hat, noch einmal alles hinterfragen und einen Rückzieher machen können, aber für mich galt: Einfach machen! Ich bereue es bis heute nicht und möchte dir deshalb das „einfach machen" ans Herz legen! Ich bin der Überzeugung, dass dich diese Macher-Mentalität nach vorne bringt.

Wenn du nach oben auf der Karriereleiter willst, musst du stets flexibel sein und dich schnell an neue Situationen anpassen können, denn Erfolg ist nicht vollständig planbar. Wichtig ist, dass du dir ein Ziel klar definierst und nicht aus den Augen verlierst. Gerade der Sport hat mir gezeigt: Erfolg beginnt im Kopf. Unsere Einstellung zu Dingen hat einen großen Einfluss darauf, ob wir erfolgreich werden oder nicht. Wenn wir über mein Erfolgskonzept sprechen, müssen wir natürlich auch den Blick auf die Kehrseite richten: den Misserfolg. Es gibt Momente im Leben, da stehen wir dem eigenen Erfolg schlicht selbst im Weg. Ursachen dafür sind zum Beispiel schlechte Angewohnheiten oder Denkweisen, die zu Blockaden führen. Ich denke, wir kennen alle die Momente, wo wir über andere Menschen fälschlicherweise urteilen. Wir sollten uns immer wieder wachrütteln und hinterfragen, ob unsere Gedanken und Handlungen richtig waren. Wenn es uns nicht gelingt, sich von diesen Gedanken zu lösen, müssen wir der Ursache auf den Grund gehen. Hinterfrage, wie es zu dieser schlechten Angewohnheit kam, und überlege, was du tun kannst, um eine Art Reset-Taste zu drücken. Meistens spielt bei diesen Gedankengängen Neid eine Rolle. Neid ist eine Erfolgsbremse! Vielleicht kennst du den Spruch: „Neid musst du dir erarbeiten, Mitleid bekommst du überall geschenkt." Und tatsächlich, wer im Leben Erfolg hat, muss nicht lange auf Neider und Missgünstige warten. Wenn du selbst Neid empfindest, solltest du an deinem Mindset arbeiten. Setze dich mit den Ursachen für deine Emotion auseinander. Vielleicht kannst du den Neid in ein Gefühl der Motivation verwandeln. Dafür musst du tief in dich reinschauen und analysieren, wie der Neid bei dir entsteht und welche Bedürfnisse in deinem Leben noch nicht befriedigt sind. Ich werte Neid für mich einfach als höchste Form der Anerkennung.

Vielleicht bist du zu sehr Perfektionist*in und diese Detailverliebtheit führt dazu, dass du zu wenig Zeit für alle deine Aufgaben zur Verfügung hast. Damit geht häufig die Angst einher, Fehler zu machen, und oft steht diese Angst Veränderungen im Weg. Gerade der Perfektionismus ist häufig in meinem Leben eine Erfolgsbremse. Ich empfehle dir zu differenzieren, bei welchen Tätigkeiten du äußerste Sorgfalt an den Tag legen solltest und bei welchen nicht. Wie du bereits in diesem Buch erfahren hast, ist der Schlüssel zum Erfolg dein Mindset.

Du setzt dir selbst deine Grenzen, und deine Emotionen und Gefühle in Verbindung mit dem Thema entscheiden über Erfolg oder Misserfolg. Deshalb gilt: Arbeite an deinen Ängsten und habe ein tiefes Vertrauen in dich selbst, dass alles gut wird und es immer im Leben für Krisen Lösungen gibt. Habe den Mut, etwas Neues auszuprobieren. Auch Kritik empfangen kostet Kraft und Mut. Einige von uns können mit der Kritik nicht umgehen. Sieh Kritik als wertvolles Feedback für deine Arbeit. Du erhältst dadurch die Chance, deine Arbeit zu verbessern.

Du weißt, wohin du willst, hast dein Ziel definiert und willst dich auf Erfolg programmieren? Dann brauchst du vor allem Willenskraft und mentale Stärke. Du kennst bereits aus Kapitel 3 die Erfolgsfaktoren. Ich möchte sie hier noch einmal mit anderen Worten vor Augen führen und dir ans Herz legen, diese zu verinnerlichen. Wenn du diese Glaubenssätze lebst, können sie dir maßgeblich zum Erfolg verhelfen!

1. Verlasse die Komfortzone.
2. Habe keine Angst vorm Scheitern.
3. Sei diszipliniert und entwickle Routinen.
4. Habe stets das Ziel im Blick.
5. Trainiere deine mentale Stärke.
6. Baue dir ein gutes Netzwerk auf.
7. Setze Prioritäten.
8. Entwickle Strategien zum Stressabbau.
9. Setze dir hohe Ziele.
10. Triff bewusst Entscheidungen.
11. Höre anderen zu.
12. Beklage dich nicht.

Zudem solltest du dich hinterfragen, ob deine Tätigkeit zur Art der Leistungsmotivation passt. Man kann hierbei fünf Typen der Leistungsmotivation unterscheiden.

Der **Flow-Typ** ist der Mensch, der in seiner Aufgabe völlig aufgeht und ein hohes Maß an Kreativität entfaltet.

Der **wachstumsorientierte Typ** ist besonders motiviert, wenn er aus Fehlern und Rückschlägen lernen kann.

Wer aus einer guten Leistung Energie und positive Stimmung schöpft, zählt zum **Ergebnis-Typ**.

Wer sich gerne mit anderen vergleicht, besser sein will als andere und dadurch unter Druck zu hohen Leistungen angespornt wird, ist ein **Wettkampf-Typ**.

Der fünfte Typ ist der **misserfolgsängstliche Typ**. Er meidet Leistungssituationen und versucht, Unterstützung von außen zu bekommen.

Alle 5 Typen können erfolgreich sein, wenn die Aufgabe zu ihnen passt. Wenn du zum Beispiel viel Selbstdisziplin hast, bist du sicherlich dort erfolgreich, wo stark strukturierte Tätigkeiten von dir verlangt werden. Am Ende zählt: Wer seine Fähigkeiten realistisch einschätzt und genau das macht, wofür sein Herz brennt, wird Erfolg haben. Vielleicht kannst du dich auch nicht nur einem Typen zuordnen und erkennst dich in mehreren Typen wieder. Das geht mir ähnlich. Ich würde mich sogar als eine Mischung aus den ersten vier Typen bezeichnen.

Hast du dich schon einmal gefragt, was Erfolgsmenschen motiviert? Leistungsmotivation kann viele Quellen haben. Welche sind es bei dir? Meiner Meinung nach ist es wichtig, sich diese Frage zu beantworten, wenn man erfolgreich sein will. Du hast dein Ziel definiert und weißt, wie sich der Weg zum Ziel gestaltet und wie du erfolgreich wirst.

Doch weißt du, was Erfolg für dich überhaupt bedeutet? Du solltest daher den Sinn deines Handelns erkennen, um eine wichtige Voraussetzung dafür zu schaffen, erfolgreich zu sein. Wie du weißt, stellt Erfolg etwas sehr Individuelles dar. Vielleicht ist es für dich Erfolg, wenn du die Karriereleiter erklimmst, vielleicht ist es für dich Erfolg, dass dein Geschäft oder Business schwarze Zahlen schreibt, oder vielleicht ist es für dich Erfolg, Menschen durch deine Ideen zu begeistern. Vielleicht ist für dich auch Erfolg, ein integrer Mensch zu sein oder mit deinen Projekten anderen zu helfen.

Frage dich zum Ende des Buches erneut, was Erfolg für dich bedeutet und wie du deine Ziele erreichen kannst. Vergleiche deine Notizen mit den Antworten, die du am Anfang des Buches aufgeschrieben hast. Falls es gravierende Unterschiede im Mindset gibt, klasse, dann konnte ich dir bereits eine große Hilfe sein. Falls nicht, hast du bereits eine klare Vision. Weiter so! Verfolge deine Ziele und Wünsche.

Checkliste für deinen Erfolg

1. Du kennst deine Visionen. Du weißt, was du willst!

2. Du hast dein Ziel klar vor Augen!

3. Du kennst deinen Weg zum Erfolg!

4. Du hast hinterfragt und herausgefunden, warum du dein Ziel noch nicht erreicht hast!

5. Du fokussierst dich auf deine Zielerreichung und kommst ins Handeln!

Wenn du alle fünf Punkte der Checkliste mit „Ja" beantworten kannst, bist du auf dem richtigen Weg! Vielleicht hast du sogar schon zwischenzeitlich dein Ziel erreicht! Falls du nicht alle fünf Punkte bejahen kannst, empfehle ich, das eine oder andere Kapitel erneut zu lesen.

Nachwort

Deine Reise zum Erfolg neigt sich an dieser Stelle dem Ende zu. Ich wünsche mir von Herzen, dass ich dir wichtige Impulse und Tipps mit auf den Weg geben konnte. Es war mir eine große Freude, dich auf dieser Reise zu begleiten. Nun hast du es selbst in der Hand, wie die Strecke verläuft und wie du reisen möchtest. Die Kompassnadel ist stets an deiner Seite und so kannst du jederzeit dieses Buch wieder zur Hand nehmen und das eine oder andere manifestieren.

Abschließend möchte ich betonen, wie wichtig mir dein Feedback ist. Daher lade ich dich recht herzlich ein, mir ein Feedback zu geben.

Gerne in Form einer Rezension oder per Mail unter mail@ilkagroenewold.de. Vielleicht hast du auch eine Frage an mich? Melde dich jederzeit bei mir!

Du findest mich auch in den sozialen Netzwerken wie Instagram, XING, LinkedIn, Facebook oder auf YouTube unter „Ilka Groenewold".

Aktuelle Einsätze als Moderatorin sowie Lesungen sind auf meiner Website verzeichnet:

https://www.ilkagroenewold.de/

Unsere Lebenszeit ist begrenzt und es fühlt sich an, als würden wir auf einem sich immer schneller drehenden Planeten namens Erde leben. Ich beende daher mit einem Zitat von Steve Jobs das Nachwort, der das Wesentliche des Erfolgs zusammenfasst.

„Eure Zeit ist begrenzt. Vergeudet sie nicht damit, das Leben eines anderen zu leben. Lasst euch nicht von Dogmen einengen – dem Resultat des Denkens anderer. Lasst den Lärm der Stimmen anderer nicht eure innere Stimme ersticken. Das Wichtigste: Folgt eurem Herzen und eurer Intuition, sie wissen bereits, was ihr wirklich werden wollt. Alles andere ist zweitranging."
Steve Jobs

Weitere Erfolgszitate

Damit du mehr Motivation und den entsprechenden Antrieb für ein erfolgreiches Leben im beruflichen und privaten Alltag erhältst, habe ich dir einige Erfolgszitate von bekannten Persönlichkeiten aufgeschrieben.

„All unsere Träumen können sich erfüllen, wenn wir den Mut haben, ihnen zu folgen."
Walt Disney

„Nicht Erfolg ist der Schlüssel zum Glück, sondern Glück der Schlüssel zum Erfolg. Wenn du gerne tust, was du tust, wirst du auch erfolgreich sein."
Albert Schweitzer

„Wenn du etwas erreichen möchtest, was du noch nie geschafft hast, musst du etwas tun, was du noch nie getan hast."
Voltaire

„Innerer Frieden ist der wahre Erfolg."
Voltaire

„Öffne der Veränderung deine Arme, aber verliere dabei deine Werte nicht aus den Augen."
Dalai-Lama

„Unsere größte Schwäche liegt im Aufgeben. Der sicherste Weg zum Erfolg ist immer, es noch einmal zu versuchen."
Thomas Alva Edison

„Vergiss nicht, Erfolg ist die Belohnung für schwere Arbeit."
Sophokles

„Unsere Fehlschläge sind oft erfolgreicher als unsere Erfolge."
Henry Ford

„Erfolgreiche Menschen handeln. Erfolglose reden darüber, handeln zu wollen."
Dale Carnegie

„Beurteile deinen Erfolg danach, was du aufgeben musst, um es zu bekommen."
Dalai-Lama

„Erfolgreich zu sein setzt zwei Dinge voraus: klare Ziele und den brennenden Wunsch, sie zu erreichen."
Johann Wolfgang von Goethe

„Ehrgeiz ist der Pfad zum Erfolg. Hartnäckigkeit ist das Gefährt, indem du ihn erreichen wirst."
Bill Bradley

„Es ist besser, einen Tag im Monat über sein Geld nachzudenken, als einen ganzen Monat dafür zu arbeiten."
John D. Rockefeller

„Erfolg hat drei Buchstaben: TUN."
Johann Wolfgang von Goethe

„Nie entmutigt sein, Geheimnis meines Erfolges."
Ernest Hemingway

Mein Angebot für dich

Dir hat das Buch gefallen und du möchtest dich von mir coachen lassen? Gerne begleite ich dich auf deinem Erfolgsweg! Ich gehe individuell auf deine Wünsche und Ziele ein. Kontaktiere mich einfach via E-Mail: **mail@ilkagroenewold.de**.

Ein Geschenk für dich

Für meine Leser*innen habe ich eine Überraschung. Du bekommst auf mein Seminar **15 Prozent Rabatt**.

Der Rabattcode lautet: **Erfolgskompass**.

Zum Coaching-Programm:

ilkagroenewold.de/rhetorik

Links und Empfehlungen

Es folgen QR Codes und Buchempfehlungen, die dich auf dem Weg zum Erfolg begleiten können.

Jakobsweg Vortrag

tinyurl.com/55znjr3u

TED Talk S. Achor

tinyurl.com/2p8cb38u

Jakobsweg – Tipps

tinyurl.com/54tdzjys

Empowerment - Lesung

tinyurl.com/2p92xzvh

Taschenbuch
21,35 €
ISBN 979-8665564791

Gebundene Ausgabe
25,00 €
ISBN 978-3752605525

Englisch
22,20 €
ISBN 979-8703383544

Dieses Buch ist ein Must-Have für dein Mindset. Moderatorin und Sportlerin Ilka Groenewold verrät dir ihre Erfolgstipps. Wie führst du ein glückliches Leben? Was kannst du tun, um finanziell unabhängig zu werden? Welchen Einfluss hat Sport auf ein gesundes Leben? Und wieso sollten wir alle einmal einen Pilgerweg gehen? Diese und viele weitere Fragen beantwortet Ilka. Auf über 200 Seiten bietet sie dir eine Fülle an Möglichkeiten für ein glückliches Leben und verrät dir, wie du Körper, Geist und Seele in Einklang bringst. Lerne mehr über Biohacking, wie du das Chi in deine Räume bringst, in einen Workflow kommst und Krisen in Zukunft als Chancen wahrnimmst. Im Anschluss an jedes der 15 Kapitel erwarten dich Fragen, mit denen du deinen Ist-Zustand feststellen kannst und herausfindest, wohin du willst und wie du dorthin gelangst.

ÜBER DIE AUTORIN

Ilka Groenewold ist Unternehmerin, Moderatorin beim TV (Hamburg 1 Aktuell) und bei Veranstaltungen sowie Sportlerin. Sie finishte unter anderem den Transalpine Run (einer der härtesten Trailläufe), den Ironman in Hamburg und gewann den 100-Kilometer-Biel-Lauf sowie den Cuxhaven-Marathon. 2012 wurde sie mit dem Titel „Läufer des Jahres" vom Deutschen Leichtathletikverband ausgezeichnet. Ein Jahr später erhielt sie den „Jungunternehmerpreis". 2020 zeichnete sie das Bundesministerium für Wirtschaft und Energie mit dem Titel „Vorbild-Unternehmerin" aus. Im Jahr 2021 erhielt Ilka in der Kategorie „Motivationsexperte" den Red Fox Award sowie den German Business Award in der Kategorie „Presenter of the Year". Darüber hinaus ist Ilka „XING Ambassador" und organisiert Netzwerk-Veranstaltungen im Hamburger Raum. Das Buch „Erfolgskompass - Deine Reise zum Erfolg" ist die Fortsetzung ihres ersten Buches „Empowerment - Wegweiser in ein erfülltes Leben".

Ilka finisht den Ironman 2018 in Hamburg

Ilka als Moderatorin bei „Hamburg 1 Aktuell"

ISBN 9798807103857

Printed in Poland
by Amazon Fulfillment
Poland Sp. z o.o., Wrocław

10508103R00101